# 航电梯级开发对家鱼产卵场
# 生态水文及水动力特征影响机理研究

Study on the Mechanism of the Impact of the Cascade Development on the
Ecological Hydrology Characteristics of the Four Domestic Fishes Spawning Ground

曹艳敏　王崇宇　乾东岳◎著

河海大学出版社
HOHAI UNIVERSITY PRESS
·南京·

**图书在版编目(CIP)数据**

航电梯级开发对家鱼产卵场生态水文及水动力特征影响机理研究 / 曹艳敏,王崇宇,乾东岳著. -- 南京：河海大学出版社,2024.10. -- ISBN 978-7-5630-9355-7

Ⅰ. S961.1

中国国家版本馆 CIP 数据核字第 202444C6Z5 号

| | | |
|---|---|---|
| 书　　名 | 航电梯级开发对家鱼产卵场生态水文及水动力特征影响机理研究 | |
| 书　　号 | ISBN 978-7-5630-9355-7 | |
| 责任编辑 | 龚　俊 | |
| 特约校对 | 丁寿萍 | |
| 封面设计 | 徐娟娟 | |
| 出版发行 | 河海大学出版社 | |
| 地　　址 | 南京市西康路 1 号(邮编:210098) | |
| 电　　话 | (025)83737852(总编室)　　(025)83722833(营销部) | |
| 经　　销 | 江苏省新华发行集团有限公司 | |
| 排　　版 | 南京布克文化发展有限公司 | |
| 印　　刷 | 广东虎彩云印刷有限公司 | |
| 开　　本 | 710 毫米×1000 毫米　1/16 | |
| 印　　张 | 8.25 | |
| 字　　数 | 152 千字 | |
| 版　　次 | 2024 年 10 月第 1 版 | |
| 印　　次 | 2024 年 10 月第 1 次印刷 | |
| 定　　价 | 60.00 元 | |

    鱼类的生存繁衍离不开河流空间及生境所构成的高质量且连通性良好的栖息地。各种栖息地中产卵场是鱼类经过长期选择完成其繁殖的场所,而繁殖是整个鱼类生命周期中最重要的环节,保证了物种的延续。鱼类的产卵行为由多种环境因素触发影响刺激形成,包括流速、水温、溶解氧、浊度等。众所周知,流速、涨水及泡漩水等水力特征对于产漂流性卵鱼类产卵具有重要的影响。

    在众多水电开发形式中,梯级开发可以充分利用天然河流的水位落差,最大限度地开发天然河流的水能资源,成为河流利用开发的主要趋势。目前,全球397条大型河流约有27%进行了梯级开发,为人类提供水力发电、调控洪水、供水及航运等功能,且开发数量仍在快速地增长。梯级开发影响了天然水文情势、泥沙通量以及水质,大坝的运行影响鱼类的产卵活动,进而影响到鱼类种群的数量及其繁衍。

    目前,国内外研究普遍认为高、中水头电站,大坝或由其组成的梯级开发对鱼类繁衍生存影响较大,而使用灯泡贯流式机组的径流式电站组成的梯级开发对鱼群的影响是较低的。但实际上径流式电站组成的梯级开发同样可导致天然河流由河相向湖相的转变,而且河相段的长度及水力特征对产漂流性卵鱼类繁殖具有显著影响。通过已有的研究发现,径流式日调节型电站梯级开发对家鱼产卵场鱼类繁殖所需水力特征的影响较大,尤其是针对产漂流性卵鱼类敏感的流速影响不容小觑。

    湘江是长江重要支流之一,是湖南省最大的河流,水量充沛而少沙,湘江干流以航电梯级开发为主。湘江"四大家鱼"及其他一些经济鱼类多集中在湘江常宁张河铺至衡阳云集河段产卵,该河段家鱼产卵场是全国三大"四大家鱼"产卵场之一,其天然鱼苗产量约占全国的1/4。湘江干流"四大家鱼"产卵场位于湘祁枢纽(2012年建成)、近尾洲枢纽(2002年建成)、土谷塘枢纽(2016年建成)之间,均为径流式、日调节型电站。随着这些梯级相继建成蓄水,原有 88 km 长江段的湘江"四大家鱼"产卵场已逐渐萎缩,出现产卵场破碎化。本研究以湘江干流径流式日调节型电站组成的航电梯级开发对"四大家鱼"产卵场水力影响特征为基础,开展梯级开发前后生态水文指标演变分析及水动力数值模拟,探求该类型梯级开发对家鱼产卵场水力特征影响的机理,为进一步探寻梯级开发对家鱼资源的影响机理提供理论基础和科学依据。

# 目录 CONTENTS

# 1

## 绪　论

## 1.1 研究背景及意义

在许多发展中地区,水电被认为是主要的清洁能源[1]。在众多水电开发形式中,梯级开发可以充分利用天然河流的水位落差,最大限度地开发天然河流的水能资源,成为河流利用开发的主要趋势[1]。目前,全球 397 个大型河流约有27%进行了梯级开发[3],为人类提供水力发电、调控洪水、供水及航运等功能,且开发数量仍在快速地增长[4]。梯级开发影响了天然水文情势、泥沙通量以及水质,大坝的运行影响鱼类的产卵活动,进而影响到鱼类种群的数量及其繁衍[5,6]。国外流域诸如马德拉河[7]、蛇河[9]、科罗拉多河[10]等,国内流域诸如长江[11]、金沙江[12]、珠江[13]、汉江[14]、赣江[15]、澜沧江—湄公河[16]等都出现了这种情况。

鱼类的生存繁衍离不开由河流空间及生境所构成的高质量且连通性良好的栖息地[5]。产卵场是重要的栖息地之一,是鱼类经过长期选择完成其繁殖的场所,而繁殖是整个鱼类生命周期中最重要的环节,保证了物种的延续[6]。鱼类的产卵行为由多种环境因素触发影响刺激形成,包括流速[17]、水温[18]、溶解氧[19]、浊度[20]等。众所周知,流速[19,21,22]、涨水及泡漩水[23-24]等水力特征对于产漂流性卵鱼类产卵具有重要的影响。

草鱼(*Ctenopharyngodon*)、鲢鱼(*Hypophthalmichthys molitrix*)、青鱼(*Mylopharyngodon piceus*)和鳙鱼(*Aristichthys nobilis*)被称为中国"四大家鱼",是中国主要渔业资源之一、养殖和捕捞的重要鱼类[25],是我国特有的江湖洄游鱼类[14],也是我国产漂流性卵鱼类的典型代表[26]。湘江是长江重要支流之一,是湖南省最大的河流,水量充沛而少沙。湘江干流以航电梯级开发为主,自上游至下游分别为潇湘水电站、浯溪水电站、湘祁水电站、近尾洲水电站、土谷塘航电枢纽、大源渡航电枢纽、株洲航电枢纽、长沙综合枢纽八个航电梯级枢纽[27]。湘江"四大家鱼"及其他一些经济鱼类多集中在湘江常宁张河铺至衡阳云集河段产卵(图 1-1),该江段家鱼产卵场是全国三大家鱼产卵场之一,其天然鱼苗产量约占全国的 1/4[28]。湘江干流"四大家鱼"产卵场位于湘祁枢纽(2012年建成)、近尾洲枢纽(2002 年建成)、土谷塘枢纽(2016 年建成)之间(图 1-2),均为径流式、日调节型电站。随着这些梯级开发相继建成蓄水,原有 88 km 长江段的湘江"四大家鱼"产卵场已逐渐萎缩[29],出现产卵场破碎化。

目前,诸多学者认为多年调节型水库对于天然河流的水文情势影响较大,而日调节型或径流式水库因为对水文情势不具有调节作用或者影响较小,因而后者类型水库对鱼类繁殖的影响更多在于阻隔鱼类的洄游通道[8]。但由径流式、

**图 1-1 湘江干流产漂流性卵鱼类产卵场分布**

**Fig. 1-1 Distribution of spawning grounds in Xiangjiang River**

日调节型电站组成的梯级开发同样存在使天然河流由河相向湖相的转变[30]，而且河相段的长度及水力特征对产漂流性卵鱼类繁殖具有重大影响[1]。并且笔者已有的研究[27]发现径流式、日调节型电站梯级开发对家鱼产卵场鱼类繁殖所需水力特征的影响不容小觑。因此，本研究统计分析湘江干流 1959—2018 年长时间水文序列，尤其是对家鱼产卵期 4—7 月的水文特征进行系统分析，从而得出家鱼产卵的特定水力条件；本书以上述研究为基础，开展"四大家鱼"产卵场河段二维水动力数学模型构建，开展梯级开发前后、刺激家鱼产卵典型非恒定流过程的模拟，对影响家鱼产卵的流速上涨过程[31]、上涨时间，刺激家鱼产卵流速、受精所需流速、孵化所需流速、维持鱼卵不下沉的"腰点"流速、涡量及紊动能等水力特性进行梯级开发前后的对比分析，深入研究径流式、日调节型电站梯级开发对家鱼产卵场的水力特征的影响，可为鱼类资源保护和恢复等措施提供参考及依据。

图 1-2 湘江干流研究区域枢纽布置图

Fig. 1-2 Layout of junctions in the main stream of the Xiangjiang River

## 1.2 国内外研究现状及发展动态

### 1.2.1 产漂流性卵鱼类产卵场水力特征研究

我国很早就开始家鱼产卵场水力特征的调查研究。研究者通过调查发现涨水条件具有显著刺激产卵的效果[32](图 1-3),研究发现从没有鱼卵到发现鱼卵或大量出现鱼卵,总是伴随着发生江水流速加大、每秒增加 0.25～0.50 m 的情况。长江"四大家鱼"产卵量日变化在日均水位上涨率大于 0.24 m/d 时产卵量最大[33],产卵环境多为能量坡降变化和能量损失较大、流速梯度较大[34]、水域动能梯度和弗劳德数较小的河段[35]。可以得出涨水过程是"四大家鱼"产卵的主要诱导因素[36],总涨水数是决定家鱼苗发江量的重要因素。

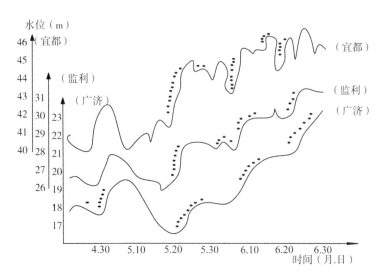

图 1-3 长江"四大家鱼"产卵与水位上涨关系

Fig. 1-3 Relationship between spawning and water level rising of four major Chinese carps in the Yangtze River

产漂流性卵鱼类产卵场的流态研究。20 世纪 60 年代,易伯鲁[23]对长江调查得出:易形成泡漩水面的江段,都可能成为家鱼的产卵场。后期学者研究得出:产卵场河床地形复杂程度高于非产卵场,河段断面不均匀,断面面积沿程多变,分布有更多深潭浅滩,而更多的深潭浅滩分布导致水流复杂多变[37];同时,流速、弗劳德数和断面平均涡量都较大[38];更大蜿蜒度的河段,深潭附近,远离岸边的深泓[39],或者在弯曲、分汊和矶头等具有特殊形态的河道都是适宜产卵的[40]。

产漂流性卵鱼类产卵场的适宜流速分析研究。就产漂流性卵鱼类受精卵而言,水流纵向速度会影响受精卵纵向速度,而鱼卵自身特性如比重、粒径会影响受精卵垂向速度[41]。陈求稳[4]通过实验得出,当流速达到 1.2 m/s 时,鱼卵受精率最大;高于 1.6 m/s 会导致卵子与精子难以相遇。鲢鱼卵悬浮流速可以低至 0.15~0.25 m/s[42]。就刺激成鱼产卵而言,陈求稳通过实验得出,流速增加至 1.4 m/s 雌性产卵比例最高,高于 1.6 m/s 产卵比例会急剧下降;而在实际河流中,刺激成鱼产卵的最佳流速为 1.31 m/s[4,43]。就产漂流性卵鱼苗而言,易伯鲁[23]、曹文宣[44]通过实地观测认为流速维持在 0.2 m/s 以上可以维持鱼苗不下沉,这也称为"腰点"流速。(表 1-1、表 1-2)

表 1-1　不同分级流速对鱼类产卵的意义

Tab. 1-1　Significance of different graded flow rates of fish spawning

| 类别 | 名称 | 流速值/范围 | 对鱼类产卵的意义 |
|---|---|---|---|
| 亲鱼产卵适宜流速 | 亲鱼产卵最佳流速 | 1.31 m/s | 在实际河流中,亲鱼产卵最佳流速为 1.31 m/s[4,43] |
| | 亲鱼产卵触发流速 | 1.1~1.5 m/s | 张予馨[45]认为流速在 1.11~1.49 m/s,亲鱼会逐渐发生产卵活动,与陈求稳[43]研究成果相接近 |
| | 亲鱼产卵适宜流速 | 1.2~1.6 m/s | 见陈求稳系列研究成果[43] |
| | 亲鱼产卵抑制流速 | <0.8 m/s 或>1.6 m/s | 大于 1.6 m/s 会导致精子和卵子相遇失败,使受精率下降,亲鱼产卵行为受到严重抑制[43] |
| 受精适宜流速 | 最大受精率流速 | 1.2 m/s | 鱼卵受精率最大[4] |
| | 适宜受精流速范围 | 1.2~1.4 m/s | 流速在 1.2~1.4 m/s 之间,受精率差异不大[4] |

表 1-2　涨水过程加速度对家鱼繁殖的影响

Tab. 1-2　The effect of acceleration on the reproduction of domestic fish in the process of rising water

| 研究内容 | 研究结论 |
|---|---|
| 涨水过程 | 流速以每秒增加 0.25~0.50 m 的情况具有刺激家鱼产卵的效果,流速稳定或者减少即"断江"[23,24] |
| 涨水时间 | 在发洪水的第 2 天产漂流性卵鱼类产卵[46];长江中游江段,流速达到 1.0~1.3 m/s,涨水后 1~2 天,甚至 3 天,家鱼开始产卵[47];涨水持续时间为 3 天及以上的涨水过程,或持续 2 次涨水过程可刺激家鱼发生大规模繁殖[48,49] |
| 涨水加速度 | 张予馨[45]得出产卵事件发生频率最大(接近 30%)的流速加速度为 0.09~0.12 m/(s·d);0.03~0.09 m/(s·d)、0.12~0.15 m/(s·d)的产卵事件发生频率相对较大;0.00~0.03 m/(s·d)则发生概率较小;0.04~0.12 m/(s·d)为适宜产卵的加速度 |

## 1.2.2　梯级开发对产漂流性卵鱼类产卵场水力特征的影响研究

水电开发及筑坝等水利工程将自然河流变成了静止的水库,改变了天然水文条件,降低了流速,增加了水流停留时间,产生沉积[50,51]。这些改变势必会影响到像家鱼这样依靠水流刺激产卵的产漂流性卵鱼类的繁衍生存。

我国早期(1970 年后)学者围绕葛洲坝水利枢纽对鱼类资源影响开展研究,以及 1985 年国家科委和中国科学院开展"三峡工程对生态与环境的影响及其对策研究",取得成果中对于鱼类产卵场影响侧重在三峡工程调蓄水资源以及三峡蓄水的影响上[52],学者们普遍认为葛洲坝更多起到阻隔鱼类洄游通道的作用[53]。至三峡建成后,乃至近期研究普遍认为三峡对天然河流的调控作用是导致中华鲟[54]及"四大家鱼"[11,32,35-40]资源量锐减的主要因素。郭文献等[55]研究在长江"四大家鱼"适宜的参数为流量在 11 000~15 000 m³/s、水位在 43.0~46.0 m、泥沙浓度 0.01~0.21 kg/m³、水位上升 4~8 天、水温为 22~24 ℃。Yu 等[56]认为长江宜都产卵场最合适的流速范围为 0.78~0.93 m/s,最适合的水深范围为 14.56~16.35 m;当流量维持在 15 000~21 300 m³/s,宜都和枝城产卵场的加权面积(WUA)保持较高水平。Yu 等[57]认为葛洲坝对中国"四大家鱼"(FMCCs)的影响是水温>流量,三峡对其的影响是流量>水温。易雨君等[58]考虑 FMCCs 的产卵特性,建立了 HSIM(Habitat Suitability Index Model),对葛洲坝和三峡运行后对 FMCCs 繁殖影响进行评估。研究认为在长江中游 FM-CCs 需要 3 000 m³/s 流量保证繁殖。Tang 等[59]认为以往研究将影响 FMCCs 产卵活动的指标作为一个整体进行综合模拟,在这个过程中多采用洪水恒定流进行模拟,Tang 采用非恒定流洪水模型研究三峡库区家鱼栖息地的繁殖适宜性,发现流速在 0.25~0.9 m/s 时可提供适宜的产卵条件,流速小于 0.27 m/s 时鱼卵开始下沉。

Yin 等[60]对长江中游戴家洲航道整治进行了工程前后分析,认为在工程后 FMCCs 产卵生境栖息地适宜性指数(HSI)和加权面积(WUA)是增加的。易雨君[61]建立了 ESHIPP-PPm 模型来评估澜沧江 FMCCs 灭绝风险,研究认为大坝增加了中等和低等水平生境的 WUAs,对最优生境的影响较小。She 等[62]建立基于模糊逻辑的一维、二维耦合鱼类栖息地模型,估算红水河丁字滩的适宜生态流量为 2 500~11 000 m³/s。

其他流域[13,14,16]相关研究的关注点也是如此,像小浪底、小湾、二滩、糯扎渡等特大型水电工程是研究重点[51]。

同时国外研究也普遍认为相比于那些高、中水头电站,大坝或由其组成的梯级开发[1,63-65],使用灯泡贯流式机组的径流式电站组成的梯级开发对鱼群的影响是最低的[30]。

但由径流式电站组成的梯级开发与高、中水头电站组成的梯级开发同样存在使天然河流发生河相—湖相之间的转变。同时,结合 1.2.1 节研究内容,可以发现产漂流性卵鱼类产卵对涨水过程,产卵场的流态、流速等水力特征都有极高的要求。且通过笔者已开展的二维水动力模型研究发现,径流式电站梯级开发使得上述水力条件都发生了较大的改变[27](图 1-4)。

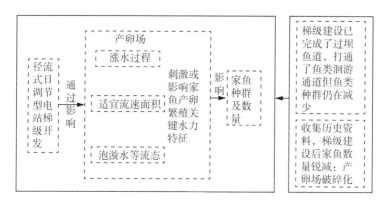

图1-4 成果分析

**Fig. 1-4 Results analysis**

因此,本书深入探究了径流式日调节型电站对家鱼产卵场水力特征的影响机理,开展水力特征变化程度与家鱼丰度变化的定量研究,为进一步探寻径流式日调节型电站梯级开发对家鱼资源的影响机理提供理论基础和科学依据。

湘江干流"四大家鱼"产卵场是全国三大"四大家鱼"产卵场之一,但目前关于范围受梯级开发影响产卵场水力特征的定量化研究尚为空白。因此,本书选取该区域为研究对象,其相关工作与湘江保护工作是相辅相成的。湘江干流已完成了过坝鱼道的恢复,打通了洄游通道,亟须开展对产卵场水力特性变化的研究。本书既紧扣了国家政策前沿,又有明确的应用背景,具有重要的学术价值和实际意义。

## 1.3 研究内容与目的

本书建立在湖南省自然科学基金(2021JJ40026)《梯级开发对家鱼产卵场影响机理及基于脉冲流量的生态调度研究》的研究基础上,广泛调研国内外相关领域的理论与实践,深入研究湘江干流梯级开发对"四大家鱼"的生态影响以及开展有关数值模拟研究。

有关湘江干流梯级开发对"四大家鱼"产卵场影响的定量分析研究,目前尚为空白。因此,可深入分析研究的内容非常丰富,涉及多个方面,由于时间及资料的限制,本书仅从以下几个方面进行重点研究,对于未来可深入研究的内容将在文章结尾提出,以供各学者借鉴参考。本书主要研究内容包括:

1) 湘江干流梯级开发对"四大家鱼"产卵区生态水文、水环境及水温影响定量研究。以各梯级之间归阳、衡阳水文站及归阳、松柏、衡阳水质监测断面为研究重点,综合运用 Mann-Kendall 法、Morlet 小波分析法和 IHA-RVA 分析法分析各梯级电站蓄水前后河流中流量、水位、流速、水温、水环境变化情况。运用 Shannon 指数评估梯级蓄水后河道生物多样性的变化情况。在电站类型上,区别于以往研究以多年调蓄型电站为主要研究对象,本书以日调节型、径流式电站梯级开发为研究对象。不同于以往研究范围集中在水电站下游,本书将研究范围扩展至两梯级之间、电站库区回水范围,开展定量研究分析。

2)针对家鱼产卵期(4—7月)开展湘江干流梯级开发对家鱼产卵区生态水文、水环境及水温的定量分析。首先,明确湘江干流家鱼产卵的关键影响指标,利用环境流量划分方法分析研究区域 4—7 月流量脉冲形式。其次,综合运用 Mann-Kendall 法、Morlet 小波分析法和 IHA-RVA 分析法定量得出梯级航电水库蓄水前后河道 4—7 月的流量、水位、流速、水温、水环境变化情况。

3)湘江干流梯级开发对"四大家鱼"产卵区影响的数值模拟研究。已有的水电工程对鱼类生境影响数学模型多集中在电站下游区域,本书将数值模拟范围扩大至水电站库区、两梯级之间及电站下游区域。流量脉冲是刺激家鱼产卵的关键因素,但现有的数学模型研究多以恒定流作为边界条件,并没有模拟出刺激家鱼产卵的关键水力过程——流量脉冲这一过程。本书以典型洪、高、低流量脉冲过程作为边界条件,分别进行天然情况下和梯级开发后不同工况的模拟,对比分析得到梯级开发对鱼类产卵繁殖的影响;通过 MIKE21FM 模块建立研究区域的水动力数值模拟模型,通过 Tecplot 软件及 MIKE21 结果后处理程序对模拟结果进行再计算分析;对研究区域流场、加速度场、涨水过程中加速度与流速的分级面积进行统计对比分析,得出梯级开发对研究区域的水动力条件的影响。本书从梯级开发的电站类型、数值模拟的范围以及模拟的边界条件上,都完善了现有梯级开发对鱼类产卵场水力条件的影响研究。

## 1.4 研究方法

(1) Mann-Kendall 秩相关检验法

Mann-Kendall(M-K)检验法是一种非参数统计检验方法[66],广泛用于水文时间序列分析。对于时间序列 $(x_1, x_2, \cdots, x_n)$,构造一个秩序列 $d_k$:

$$d_k = \sum_{i=1}^{k} m_i, k = 2, 3, \cdots, n \tag{1-1}$$

式中:$n$ 为序列长度。秩序列 $d_k$ 统计了 $i$ 时刻数值大于 $j$ 时刻数值的个数,即当 $x_i > x_j$ 时,$m_i$ 取值为 1,否则取值为 0。定义 $d_k$ 的均值 $E(d_k)$ 与方差 $D(d_k)$ 分别为:

$$E(d_k) = \frac{k(k-1)}{4} \tag{1-2}$$

$$D(d_k) = \frac{k(k-1)(2k+5)}{72} \tag{1-3}$$

在时间序列随机独立的假设下,设定统计量:

$$U_{F,k} = \frac{d_k - E(d_k)}{\sqrt{D(d_k)}} \tag{1-4}$$

式中:$U_{F,k}$ 为定义的统计量;$d_k$ 为构建的秩序列;$E(d_k)$ 与 $D(d_k)$ 分别为 $d_k$ 的均值和方差。

令显著性水平临界值为 $t_0$,当 $U_{F,k} > t_0$ 时,说明序列有明显的增加或减少趋势。$|U_{F,k}| \geqslant 1.96$ 时,表示可以通过 90% 的显著性检验。令 $U_{B,k} = -U_{F,k}$,曲线 $U_{F,k}$ 和曲线 $U_{B,k}$ 的交点有可能是突变点。

(2) Morlet 小波

Morlet 小波为复小波,其小波变换的模和实部是两个重要的变量,模的大小表示时间尺度的强弱,实部表示不同时间尺度信号在不同时间上的分布和位相两方面的信息[67],其小波的母函数形式为:

$$\varphi(t) = e^{ict} e^{-t^2/2} \tag{1-5}$$

式中:$c$ 为常数;$i$ 表示虚数。

小波方差反映了能量尺度的分布,对应峰值处的尺度称为该序列的主要时间尺度即主要周期。小波方差计算公式:

$$Var(a) = \int_{-\infty}^{+\infty} |W_f(a,b)|^2 \, db \tag{1-6}$$

式中:$Var(a)$ 为小波方差;$W_f(a,b)$ 为小波系数;$a$ 为频域参数;$b$ 为时域参数。

(3) IHA-RVA 变动范围法

基于生态水文指标(IHA)的变动范围法(RVA)是 Richter 等于 1997 年提出的,可量化、评价河流水文情势变化。量化指标的变化程度,Richter 等提出以改变度来评估,其定义如下:

$$D_i = \left| \frac{N_{oi} - N_e}{N_e} \right| \times 100\% \tag{1-7}$$

式中：$D_i$ 为第 $i$ 个 IHA 指标的水文改变度；$N_{oi}$ 为第 $i$ 个 IHA 受影响后的落在 RVA 目标阈值内的年数；$N_e$ 为受影响后 IHA 指标预期落入 RVA 目标内的年数，可以用 $r \cdot N_T$ 来评估，其中，$r$ 为受影响前 IHA 落入 RVA 目标阈值内的比例，若以各个 IHA 的 75% 及 25% 作为 RVA 目标，则 $r=50\%$，而 $N_T$ 为受影响后流量时间序列记录的总年数。为对 IHA 指标的水文改变程度设定一个客观的判断标准，Richter 等建议 $0 \leqslant |D_i| < 33\%$ 属于未改变或者低度改变；$33\% \leqslant |D_i| < 67\%$ 属于中度改变；$67\% \leqslant |D_i| \leqslant 100\%$ 属于高度改变。

整体水文变化程度 $D_o$ 可以用以下方法计算：取 32 个 IHA 指标改变度的平均值来评估河流生态环境的整体变化情形，然而这样体现不出各指标权重大小。借鉴萧政宗提出的以权重平均的方式来量化评估整体水文特征改变度的方法[68]，以 $D_o$ 表示，见下式：

$$D_o = \left( \frac{1}{n} \sum_{i=1}^{33} D_i^2 \right)^{0.5} \tag{1-8}$$

其中，$n$ 为指标个数，规定 $D_o$ 值介于 $0 \sim 33\%$ 属于低度改变或未改变；$33\% \sim 67\%$ 属于中度改变；$67\% \sim 100\%$ 属于高度改变。

（4）生物多样性指标 Shannon 指数法（Shannon Index）

Shannon 指数（Shannon Index，$SI$）是运用最广泛的评价生物多样性的指标[69]：

$$SI = -\sum i p_i \times \log p_i \tag{1-9}$$

式中：$p_i$ 表示为群落属于第 $i$ 个物种的比例；$SI$ 值越大表示生物多样性越丰富。Yang 等[70]用 GP(Genetic Programming)算法，基于 IHA 的 33 个指标建立 $SI$ 与水文指标的最佳拟合关系：

$$SI = \frac{D_{\min}/\text{Min7} + D_{\min}}{Q_3 + Q_5 + \text{Min3} + 2 \times \text{Max3}} + R_{\text{rate}} \tag{1-10}$$

式中：$D_{\min}$ 表示为年度最小日流量的儒略日数；Min3、Min7 分别表示为年度最小 3 d 流量和最小 7 d 流量；Max3 表示为最大 3 d 流量；$Q_3$、$Q_5$ 分别表示为 3、5 月流量；$R_{\text{rate}}$ 表示为连续日流量之间正差异的均值。

由于缺乏湘江干流该研究区域河道生物群落和种类数量数据，无法直接计算 $SI$ 指标，因此本书用公式(1-10)$SI$ 与水文指标构建的关系式，粗略评估枢纽建成后对河道生物多样性的影响程度。

（5）MIKE21FM 模块

MIKE21FM 模型控制方程采用平面二维非恒定流方程组。二维非恒定流计算的原理基于二维不可压缩流体雷诺平均应力方程[71]，服从布辛涅斯克（Boussinesq）假设和静水压力假设[72]。

控制方程采用经 Navier-Stokes 方程沿深积分的二维浅水方程组，并将紊流作用以涡黏系数的形式参数化，基本方程形式见式（1-11）至式（1-13）。

$$\frac{\partial \xi}{\partial t} + \frac{\partial uh}{\partial x} + \frac{\partial vh}{\partial y} = 0 \tag{1-11}$$

$$\frac{\partial u}{\partial t} + \frac{\partial u^2}{\partial x} + \frac{\partial uv}{\partial y} = fv - g\frac{\partial \xi}{\partial x} + \frac{\tau_{sx} - \tau_{bx}}{\rho h}$$
$$+ E_x\left(\frac{\partial^2 u}{\partial x^2} + \frac{\partial^2 u}{\partial y^2}\right) - \frac{1}{\rho}\left(\frac{\partial S_{xx}}{\partial x} + \frac{\partial S_{xy}}{\partial y}\right) \tag{1-12}$$

$$\frac{\partial v}{\partial t} + \frac{\partial uv}{\partial x} + \frac{\partial v^2}{\partial y} = -fu - g\frac{\partial \xi}{\partial y} + \frac{\tau_{sy} - \tau_{by}}{\rho h}$$
$$+ E_y\left(\frac{\partial^2 v}{\partial x^2} + \frac{\partial^2 v}{\partial y^2}\right) - \frac{1}{\rho}\left(\frac{\partial S_{yx}}{\partial x} + \frac{\partial S_{yy}}{\partial y}\right) \tag{1-13}$$

其中，$h$ 为水深；$\xi$ 为自由水面高程；$x$、$y$ 分别表示横轴和纵轴坐标；$t$ 为时间；$g$ 为重力加速度[65]；$u$ 和 $v$ 分别为沿 $x$ 和 $y$ 方向的垂线平均流速；$f$ 为科氏力系数；$\rho$ 为水体密度；$E_x$ 和 $E_y$ 分别为 $x$、$y$ 方向的水平紊动黏性系数；$\tau_{bx}$、$\tau_{by}$ 分别为床面剪切力在 $x$、$y$ 方向的分量；$S_{xx}$、$S_{xy}$、$S_{yx}$ 和 $S_{yy}$ 分别为辐射应力的分量，采用 Longuet-Higgins(1964)公式计算。

底部应力 $\vec{\tau}_b = (\tau_{bx}, \tau_{by})$ 由式（1-14）计算：

$$\vec{\tau}_b = \rho c_f \vec{U}|\vec{U}| \tag{1-14}$$

其中，$c_f$ 为拖曳力系数，可由 Chézy 系数 $C$ 或 Manning 系数 $M$ 计算，见式（1-15）和式（1-16），本次研究中取 Manning 系数 $M = 45$。

$$c_f = \frac{g}{C^2} \tag{1-15}$$

$$c_f = \frac{g}{(Mh^{1/6})^2} \tag{1-16}$$

风应力 $\vec{\tau}_s = (\tau_{sx}, \tau_{sy})$ 计算公式为：

$$\tau_s = \rho_a c_d |\vec{u_w}|\vec{u_w} \tag{1-17}$$

其中，$\rho_a$ 是空气密度；$c_d$ 是空气拖曳力系数；$\overrightarrow{u_w}=(u_w,v_w)$ 是海面上 10 m 高处的风速。

水平涡黏性系数 $E$ 采用 Smagorinsky 亚网格尺度模型进行求解，可以较好地描述各种涡的形成，即涡黏系数取为：

$$E=C_s^2 A\sqrt{2S_{ij}S_{ij}} \tag{1-18}$$

其中，$C_s$ 为可调系数，取为 0.28；$A$ 为网格面积；$S_{ij}$ 与速度梯度相关，即：

$$S_{ij}=\frac{1}{2}\left(\frac{\partial u_i}{\partial x_j}+\frac{\partial u_j}{\partial x_i}\right),(i,j=1,2) \tag{1-19}$$

控制方程采用有限体积法显式求解，并采用干湿网格判断法对露滩进行现象模拟。

# 参考文献

［1］VAN TREECK R，RADINGER J，NOBLE R AA，et al. The European Fish Hazard Index—An assessment tool for screening hazard of hydropower plants for fish[J]. Sustainable Energy Technologies and Assessments，2021，43：100903.

［2］李婷，唐磊，王丽，等. 水电开发对鱼类种群分布及生态类型变化的影响——以溪洛渡至向家坝河段为例[J]. 生态学报，2020，40(4)：1473-1485.

［3］LIERMANN C R，NILSSON C，ROBERTSON J，et al. Implications of dam obstruction for global freshwater fish diversity[J]. Bioscience，2012，62(6)：539-548.

［4］CHEN Q W，ZHANG J Y，CHEN Y C，et al. Inducing flow velocities to manage fish reproduction in regulated rivers[J]. Engineering，2021，7(2)：178-186.

［5］MOUCHLIANITIS F A，BOBORI D，TSAKOUMIS E，et al. Does fragmented river connectivity alter the reproductive behavior of the potamodromous fish Alburnus vistonicus？[J]. Hydrobiologia，2021，848(17)：4029-4044.

［6］TANG L，MO K L，ZHANG J Y，et al. Removing tributary low-head dams can compensate for fish habitat losses in dammed river[J]. Journal of Hydrology，2021，598：126204.

［7］BARBAROSSA V，SCHMITT R，HUIJBREGTS M，et al. Impacts of current and future large dams on the geographic range connectivity of freshwater fish worldwide[J]. Proceedings of the National Academy of Sciences，2020，117(7)：3648-3655.

［8］CELLA-RIBEIRO A，DA COSTA DORIA C R，DUTKA-GIANELLI J，et al. Temporal fish community responses to two cascade run-of-river dams in the Madeira River，Amazon basin[J]. Ecohydrology 2017,10(8):e1889.

[9] CONOR M C,MICHAEL C Q,JOSEPH R K, et al. Movement dynamics of smallmouth bass in a large western river system[J]. North American Journal of Fisheries Management,2020, 40:154-162.

[10] FINCH C, PINE III W, LIMBURG K. Do hydropeaking flows alter juvenile fish growth rates? A test with juvenile humpback chub in the Colorado River[J]. River Research and Applications, 2015,31(2):156-164.

[11] 李博,郜星晨,黄涛,等.三峡水库生态调度对长江中游宜昌江段四大家鱼自然繁殖影响分析[J].长江流域资源与环境,2021,30(12):2873-2882.

[12] ZHANG P, QIAO Y, SCHINEIDER M, et al. Using a hierarchical model framework to assess climate change and hydropower operation impacts on the habitat of an imperiled fish in the Jinsha River, China[J]. Science of the Total Environment, 2019, 646:1624-1638.

[13] 朱迪,王崇,杨志,等.筑坝河流鱼类生物完整性研究——以珠江流域红水河为例[J].水生态学杂志,2023,44(4):92-98.

[14] 张辉,曾晨军,李婷,等.基于四大家鱼产卵需求的汉江中下游生态流量研究[J].水生态学杂志,2022,43(3):1-8.

[15] 郭琴,高雷,潘文杰,等.赣江下游丰城段鱼类早期资源现状调查[J].水生态学杂志,2020,41(6):106-112.

[16] ZHANG C, DING C, DING L, et al. Large-scale cascaded dam constructions drive taxonomic and phylogenetic differentiation of fish fauna in the Lancang River, China[J]. Reviews in Fish Biology and Fisheries, 2019,29(4):895-916.

[17] BUDDENDORF W, MALCOLM I, GERIS J, et al. Spatio-temporal effects of river regulation on habitat quality for Atlantic salmon fry[J]. Ecological Indicators, 2017,83:292-302.

[18] KING A J, GWINN D C, TONKIN Z, et al. Using abiotic drivers of fish spawning to inform environmental flow management[J]. Journal of Applied Ecology, 2016,53(1):34-43.

[19] FELLMAN J B, HOOD E, NAGORSKI S, et al. Interactive physical and biotic factors control dissolved oxygen in salmon spawning streams in coastal Alaska[J]. Aquatic Sciences, 2019,81:1-11.

[20] GLOTZBECKER G J, WARD J L, WALTERS D M, et al. Turbidity alters pre-mating social interactions between native and invasive stream fishes[J]. Freshwater Biology, 2015,60(9):1784-1793.

[21] DAVIES P M, NAIMAN R J, WARFE D M, et al. Flow-ecology relationships: closing the loop on effective environmental flows[J]. Marine & Fresh Water Research, 2014,65(2):133-141.

[22] LECHNER A, KECKEIS H, SCHLUDERMANN E, et al. Hydraulic forces impact lar-val fish drift in the free flowing section of a large European river[J]. Ecohydrology, 2014,7(2):648-658.

[23] 易伯鲁. 长江家鱼产卵场的自然条件和促使产卵的主要外界因素[J]. 水生生物学集刊, 1964,5(1):1-15.

[24] 易伯鲁. 葛洲坝水利枢纽与长江四大家鱼[M]. 武汉:湖北科学技术出版社,1988.

[25] 张辉,莫康乐,李婷,等. 鄱阳湖水利枢纽工程建设对草鱼江湖洄游潜在的影响[J]. 生态学报,2022,42(2):600-610.

[26] 李游坤,林俊强,秦鑫,等. 控制-反调节水库协同生态调度的优化策略:以三峡—葛洲坝梯级水库为例[J]. 湖泊科学,2022,34(2):630-642.

[27] 曹艳敏. 湘江干流梯级开发对家鱼产卵区的影响及其生态补偿研究[D]. 长沙:湖南师范大学,2019.

[28] 唐家汉,黄冬生. 湘江污染对鱼类资源影响的调查报告[J]. 湖南水产科技,1981(4):35-39.

[29] 丁德明,廖伏初,李鸿,等. 湖南湘江渔业资源现状及保护对策[C]//重庆市水产学会. 中国南方十六省(市、区)水产学会渔业学术论坛第二十六次大会学术交流论文集(上册). 湖南省水产研究所,2010:15.

[30] AGOSTINBO A A,GOMES L C,SANTOS N C L,et al. Fish assemblages in Nectropical reservoirs:colonization patterns,impacts and management[J]. Fisheries Research,2016, 60(10): 2037-2050.

[31] 陈永柏,廖文根,彭期冬,等. 四大家鱼产卵水文水动力特性研究综述[J]. 水生态学杂志, 2009,30(2):130-133.

[32] 徐薇,杨志,陈小娟,等. 三峡水库生态调度试验对四大家鱼产卵的影响分析[J]. 环境科学研究,2020,33(5):1129-1139.

[33] 段辛斌,田辉伍,高天珩,等. 金沙江一期工程蓄水前长江上游产漂流性卵鱼类产卵场现状[J]. 长江流域资源与环境,2015,24(8):1358-1365.

[34] 王琲. 基于河流鱼类适宜生境控制的梯级水库优化调度方法研究[D]. 武汉:武汉大学,2016.

[35] 许承双,艾志强,肖鸣. 影响长江四大家鱼自然繁殖的因素研究现状[J]. 三峡大学学报(自然科学版),2017,39(4):27-30+59.

[36] 李翀,彭静,廖文根. 长江中游四大家鱼发江生态水文因子分析及生态水文目标确定[J]. 中国水利水电科学研究院学报,2006(3):170-176.

[37] 柏海霞. 长江宜都四大家鱼产卵场地形特征及生态水力因子分析[D]. 北京:中国水利水电科学研究院,2015.

[38] 朱正伟. 长江中游四大家鱼典型产卵场的生态水力学特征空间变异研究[D]. 武汉:华中农业大学,2013.

[39] 李倩. 长江上游保护区干流鱼类栖息地地貌及水文特征研究[D]. 北京:中国水利水电科

学研究院,2013.

[40] 李建,夏自强,戴会超,等.三峡初期蓄水对典型鱼类栖息地适宜性的影响[J].水利学报,
2013,44(8):892-899.

[41] 刘雪飞.漂流性鱼卵运动特性研究[D].北京:中国水利水电科学研究院,2019.

[42] MURPHY E A, JACKSON P R. Hydraulic and water-quality data collection for the in-
vestigation of great lakes tributaries for asian carp spawning and egg-transport suitability
[R]. Scientific Investigations Report. US Department of the Interior:US Geological Sur-
vey,2013:2013-5106.

[43] CHEN Q W,TANG T,WANG J,et al. Manipulating flow velocity to manage fish repro-
duction in dammed Rivers[J]. Authorea,2020.

[44] 曹文宣,余志堂,许蕴轩.三峡工程对长江鱼类资源影响的初步评价及资源增殖途径的研
究[C]//长江三峡工程对生态与环境影响及其对策研究论文集,1987.

[45] 张予馨.长江中游四大家鱼之草鱼产卵行为的生态水力学研究[D].重庆:重庆交通大
学.2017.

[46] 雷欢,谢文星,黄道明,等.丹江口水库上游梯级开发后产漂流性卵鱼类早期资源及其演
变[J].湖泊科学,2018,30(5):1319-1331.

[47] 王尚玉,廖文根,陈大庆,等.长江中游四大家鱼产卵场的生态水文特性分析[J].长江流
域资源与环境,2008(6):892-897.

[48] 王珂,周雪,陈大庆,等.四大家鱼自然繁殖对水文过程的响应关系研究[J].淡水渔业,
2019,49(1):66-70.

[49] GARCIA T,MURPHY E A,JACKSON P R,et al. Application of the FluEgg model to
predict transport of Asian carp eggs in the Saint Joseph River (Great Lakes tributary)[J].
Journal of Great Lakes Research,2015,41(2):374-386.

[50] MAECK A,DELSONTRO T,MCGINNIS D F,et al. Sediment trapping by dams cre-
ates methane emission hot spots[J]. Environmental Science & Technology,2013;47:
8130-8137.

[51] 陈求稳,张建云,莫康乐,等.水电工程水生态环境效应评价方法与调控措施[J].水科学
进展,2020,31(5):793-810.

[52] ZHANG G H,CHANG J B,SHU G F. Applications of factor-criteria system reconstruc-
tion analysis in the reproduction research on grass carp, black carp, silver carp and big-
head in the Yangtze River[J]. Internatinal Journal of General Systems,2010(8):419-
428.

[53] 刘乐和,吴国犀,曹维孝,等.葛洲坝水利枢纽兴建后对青、草、鲢、鳙繁殖生态效应的研究
[J].水生生物学报,1986(4):353-364.

[54] JIANG L Z,BAN X,WANG X L,et al. Assessment of hydrologic alterations caused by
the Three Gorges Dam in the middle and lower reaches of Yangtze River,China[J]. Wa-

ter,2014,6:1419-1434.

[55] GUO W X, JIN Y G, ZHAO R C,et al. The impact of the ecohydrologic conditions of Three Gorges Reservoir on the spawning activity of Four Major Chinese Carps in the middle of Yangtze River,China[J]. Applied Ecology and Environmental Research,2021,19(6):4313-4330.

[56] YU L X, LIN J Q, CHEN D Q,et al. Ecological flow assessment to improve the spawning habitat for the four major species of carp of the Yangtze River: A study on habitat suitability based on ultrasonic telemetry[J]. Water, 2018,10(5):600.

[57] YU M X, YANG D Q, LIU X L, et al. Potential impact of a large-scale cascade reservoir on the spawning conditions of critical species in the Yangtze River,China[J]. Water,2019,11(10):2027.

[58] YI Y J, WANG Z Y, YANG Z F. Impact of the Gezhouba and Three Gorges Dams on habitat suitability of carps in the Yangtze River[J]. Journal of Hydrology,2010,387:283-291.

[59] TANG C H, YAN Q M, LI W D, et al. Impact of dam construction on the spawning grounds of the four major Chinese carps in the Three Gorges Reservoir[J]. Journal of Hydrology,2022,609:127694.

[60] YIN S R, YANG Y P,WANG J J, et al. Simulating ecological effects of a waterway project in the middle reaches of the Yangtze River based on hydraulic indicators on the spawning habitats of four major Chinese carp species[J]. Water,2022,14:2147.

[61] YI Y J,TANG C H,YANG Z F, et al. Influence of Manwan Reservoir on fish habitat in the middle reach of the Lancang River[J]. Ecological Engineering,2014,69:106-117.

[62] SHE Z Y, TANG Y M, CHEN L H, et al. Determination of suitable ecological flow regimes for spawning of four major Chinese carps:A case study of the Hongshui River,China[J]. Ecological Informatics,2023,76:102061.

[63] NILSSON C, REIDY C A, DYNESIUS M, et al. Fragmentation and flow regulation of the world's large river systems[J]. Science, 2005, 308(5720): 405-408.

[64] HARRISON P M, MARTINS E G, ALGERA D A, et al. Turbine entrainment and passage of potadromous fish through hydropower dams: developing conceptual frameworks and metrics for moving beyond turbine passage mortality[J]. Fish and Fisheries, 2019,20(3):403-418.

[65] VALERIO B,RAFAEL J P,MARK A J,et al. Impacts of current and future large dams on the geographic range connectivity of freshwater fish worldwide[J]. Proceeding of the National Academy of Sciences of the United States of America,2020,117(7):3648-3655.

[66] 魏凤英. 现代气候统计诊断与预测技术[M]. 北京:气象出版社,1998:69-72.

[67] 王文圣,丁晶,衡彤,等. 水文序列周期成分和突变特征识别的小波分析法[J]. 工程勘察, 2003(1):32-35.

[68] SHIAU J T, WU F C. Feasible diversion and instream flow release using range of variability approach [J]. Journal of Water Resources Planning and Management, 2004, 130(5):395-404.

[69] KUO S R, LIN J H, SHAO K T. Seasonal changes in abundance and composition of the fish assemblage in Chiku Lagoon, south-western Taiwan [J]. Bulletin of Marine Science, 2001, 68(1):85-99.

[70] YANG Y C E, CAI X M, HERRICKS E E. Identification of hydrologic indicators related to fish diversity and abundance: A data mining approach for fish community analysis [J]. Water Resources Research, 2008, 44(4):1-14.

[71] 曹艳敏. 丁坝水流结构试验及紊流模型中壁函数应用研究[D]. 长沙:长沙理工大学,2008.

[72] 曹艳敏,张华庆,王崇宇,等.平面二维 k-ε 紊流模型不同壁函数的对比及研究[J]. 水道港口,2009,30(1):26-30+60.

# 2

# 湘江流域及鱼类资源概况

## 2.1　自然地理及社会经济概况

湘江是长江中游的重要支流之一,也是湖南省境内最大的一条河流。湘江流域面积为 94 660 km²,其中湖南境内约占 90.2%。湘江流域其降水量年际变化大,年内分布不均,与径流关系极为密切,流域内多年平均降水量为 1 300～1 500 mm。湘江水量充沛,为少沙河流。

湘江地处亚热带湿润地区,受季风影响很大。冬季多为西伯利亚干冷气团控制,气候较干燥寒冷;夏季为低纬海洋暖湿气团所盘踞,温高湿重。在春夏之交,正处在冷暖气流交替的过渡地带,锋面和气旋活动频繁,造成阴湿多雨的梅雨天气。7,8 月份受强烈热带风暴登陆影响,形成降水天气,局部有大到暴雨。故暴雨多为气旋雨(4—6 月),偶尔为台风雨(7—8 月)。湘江暴雨一般发生在3—10 月,以 4—7 月出现次数最多,大面积长历时的暴雨都发生在 6—7 月。

湘江流域河网密布。潇水、春陵水、耒水、洣水、渌水和浏阳河等大支流均由右岸汇入干流,其中潇水、耒水、洣水流域面积均在 10 000 km² 以上。支流祁水、蒸水、涓水、涟水、沩水等自左岸汇入,左岸支流除涟水(7 155 km²)外,其余支流流域面积均小于 3 500 km²,从而使得湘江发育成为一个不对称的树枝状水系。

湘江流域内资源十分丰富,气候条件好,交通发达,是长江中游及京广铁路沿线主要经济带,也是湖南省重要的经济区,全国"两型社会"建设的示范区,中部崛起的重要增长极。全省新型工业化、新型城市化和新农村建设的引领区,具有国际品质的现代化生态型城市群——长株潭城市群位于本流域内。

湘江流域范围自上游至下游涉及湖南省郴州、永州的大部分,衡阳、湘潭、株洲、长沙的全部分,娄底的小部分及邵阳、岳阳的较少部分。据《湖南省统计年鉴(2011 年)》统计,截止至 2010 年末,湘江流域内湖南省总人口 3 247 万人,农业人口 1 654 万人,耕地面积 2 511 万亩,其中水田 2 029 万亩,国内生产总值10 296 亿元,其中工农业生产总值 5 647 亿元,人均国内生产总值为 31 713 元。未来湘江流域仍将处于经济社会快速发展时期,经济总量和人口将达到一个新的规模,尤其是湘江流域内的长株潭"两型社会"建设试验区,以长株潭为中心,包括岳阳、常德、益阳、娄底和衡阳在内的"3+5"城市群,是实现湖南富民强盛的核心增长极,是湖南发展的引擎,核心增长极的 8 个地级城市中有 6 个在湘江流域内,湘江流域的经济社会发展在未来将呈现出新的活力和生机。

## 2.2 湘江流域重要水生生物资源概况

### 2.2.1 鱼类种类组成

湘江水系历史调查记录有鱼类 155 种,隶属于 10 目 24 科 94 属,约占长江水系鱼类总种数(370 种)的 41.9%。鲤形目($Cypriniformes$)是最主要的类群,有 107 种和亚种,占该地区鱼类总种数的 69%;其次是鲇形目($Siluriformes$)和鲈形目($Perciformes$),分别为 19 种和 18 种。鱼类各科组成中,鲤科($Cyprinidae$)鱼类最为丰富,有 89 种和亚种,占该地区鱼类总种数的 57.4%;其次是鳅科($Cobitidae$)和鲿科($Bagridae$),均为 11 种,各占该地区鱼类总种数的 7.1%;其余 21 科的种数较少,共计有 44 种,占该地区鱼类总种数的 28.4%。根据 2009—2010 年在永州、祁阳、衡南、大源渡、株洲、长沙、湘阴等 7 个江段的鱼类资源调查,共采集到鱼类标本 108 种。

### 2.2.2 鱼类生态类型

#### 2.2.2.1 按对水流条件适应性区分

依据鱼类对水流条件的适应性,湘江鱼类可主要分为 3 大类群:

1) 喜缓流或静水栖息种类。主要有鲤、鲫、鲇、黄鳝、泥鳅、鳌、中华鳑鲏等,该类群鱼类具有渔业优势。

2) 喜流水栖息种类。该类群鱼类胸鳍、腹鳍演化呈吸盘状,将鱼体吸附在砂、石上,以适应急流环境,如犁头鳅、白缘䰾及中华纹胸鳅等。该类群鱼类种类数量较少,仅约 28 种。

3) 生活史的某一阶段需在流水中完成的种类。该类群鱼一般在缓水、敞水区域生长育肥,在急流水中产卵,部分种类鱼卵需在流水中漂流孵化,该类群种类主要有青鱼、草鱼、鲢、鳙、圆吻鲴、鳊、马口鱼、铜鱼、吻鮈、蛇鮈、鳅类、鲿类、银鮈、银飘鱼、鲌类、宽鳍鱲等,湘江下游鱼类组成以该类群为主。

#### 2.2.2.2 按繁殖特点区分

根据鱼类繁殖生态特点,湘江鱼类可大致划分为 4 大类群:

1) 产漂流性卵鱼类。该类群鱼所产鱼卵比重稍大于水,但卵膜可吸水膨胀,借助流水随水漂流发育。主要种类有青鱼、草鱼、鲢、鳙、鳊、赤眼鳟、鳡、吻鮈、蛇鮈、花斑副沙鳅、犁头鳅等。

2）产浮性卵鱼类。卵的比重小于水，能在水面上漂浮。这类鱼主要有鳡、短颌鲚、乌鳢、斑鳢等。

3）产沉性卵鱼类。卵比重大于水，无黏性或黏性小，卵产出后沉于水底，如大鳍鳠、沙鳅、宽鳍鱲、鳜、鳑鲏、光唇鱼等。

4）产黏性卵鱼类。卵比重大于水，卵膜外具有黏性物质，产出后粘附于水草或砾石上发育。如团头鲂、细鳞斜颌鲴、鲤、鲫、鲇、圆吻鲴、鲌等。

据调查资料，湘江鱼类产卵类型比例：沉性卵＞漂流性卵＞黏性卵＞浮性卵。在调查到的 108 种鱼类中，产沉性卵的种类最多，约为 51 种，占 47.22％，产漂流性卵鱼类种类次之。

## 2.2.3 "四大家鱼"产卵场概况

### 2.2.3.1 产卵场历史概况

湘江"四大家鱼"产卵场是我国"四大家鱼"三大产卵场之一，主要分布在从常宁张河铺至衡阳香炉山、云集潭共计达 88 km 的江段上。根据 2009—2010 年调查分析推算，湘江中上游产漂流性卵鱼类的产卵场主要有 8 处，示意图见图 2-1：

**图 2-1 湘江干流产漂流性卵鱼类产卵场分布**

**Fig. 2-1 Distribution of spawning grounds of drift-spawning fish in the main stream of Xiangjiang River**

1) 大堡产卵场：自湘江干流土桥湾至大堡约 10 km 的江段。

2) 柏坊产卵场：距上方产卵场 38 km，自湘江干流万松至柏坊附近 5 km 的江段。

3) 松江产卵场：距上方产卵场 17 km，位于舂陵水汇口衡南松江镇至常宁原松柏镇河口长约 6 km 的湘江江段。

4) 渔市产卵场：距上方产卵场 11 km，自湘江干流渔市至石塘长约 5 km 的湘江江段。

5) 烟洲产卵场：自湘江支流舂陵水烟洲至湾阳长约 6 km 的江段。

6) 渌口产卵场：株洲坝下雷打石至燎原约 17 km 的江段，主要产卵鱼类为赤眼鳟、蒙古鲌、长春鳊、细鳞鲴等。

7) 河口产卵场：湘江干流河口至万福约 7 km 江段，距上方产卵场 32 km，主要产卵鱼类为赤眼鳟、蒙古鲌、长春鳊、细鳞鲴等。

8) 坪塘产卵场：湘江干流黑石铺大桥至香泉约 9 km 的江段，距上方产卵场约 26 km。主要产卵鱼类为赤眼鳟、蒙古鲌、长春鳊、细鳞鲴等。

### 2.2.3.2　产卵场变迁

湘江"四大家鱼"产卵场，常宁张河铺至衡阳香炉山、云集潭范围内涉及湘江干流上近尾洲、土谷塘两个梯级枢纽，该产卵区的上游为湘祁水电站，下游为大源渡航电枢纽。湘江"四大家鱼"产卵场从原来 88 km 的江段萎缩至现在 21 km 的江段[1]。

根据湖南省渔业环境监测站 2008—2011 年连续 4 年的现场调查结果，4—6 月在大源渡坝下、株洲坝下聚集有草鱼、青鱼、鲢、鳙、赤眼鳟、蒙古鲌等成熟群体，到目前为止尚未发现成规模的产卵场。2008 年 3—5 月、2012 年 2—4 月现场调查结果表明，株洲坝电站下方 50～100 m 聚集了大量"四大家鱼"成熟亲鱼，在空洲岛一侧未发现亲鱼聚集；大源渡坝电站下方聚集了一定数量的"四大家鱼"成熟亲鱼。

2010 年调查发现，原有的湘江干流上游"四大家鱼"产卵场仅有大堡、柏坊、松江、渔市 4 个干流漂流性产卵场，其中，仅大堡、柏坊、松江 3 个产卵场有草鱼、青鱼及鲢鱼产卵场，未发现鳙鱼产卵，家鱼产卵群体也不足。

总结调查成果，现在"四大家鱼"产卵场分布及家鱼苗现状如下："四大家鱼"产卵场已受到严重破坏，家鱼生殖洄游受阻，亲鱼补充群体和产卵群体严重不足，其中又以鳙鱼产卵场破坏最严重，目前鳙鱼的产卵量和捞苗量仅有 0.10% 和 0.02%；青鱼次之，产卵量和捞苗量分别占比为 0.58%，0.81%。经推算，丰水年"四大家鱼"年产卵繁殖规模在 1 亿尾以下,平水年为 0.5 亿尾左右。由此得出湘江"四大家鱼"产卵场现年产卵繁殖规模为 0.5 亿~1 亿尾,仅相当于一个中小型鱼苗场的繁殖规模。而 20 世纪 80 年代以前,家鱼苗年产卵繁殖规模在 10 亿尾以上。

初步分析结论:一是大坝阻碍了家鱼亲鱼上溯生殖洄游,致使亲鱼在坝下聚集;二是成熟亲鱼绝大多数聚集在电站下方,而泄洪闸下方关闭时聚集鱼类较少,说明亲鱼上溯洄游应有流水诱导。

## 2.3 湘江干流梯级开发概况

本书针对开展研究的湘江干流研究区航电梯级开发有湘祁水电站、近尾洲水电站、大源渡水电站和 2016 年建成的土谷塘水电站,枢纽布置图见图 2-2。

| | |
|---|---|
| (a) 湘祁水电站布置图 | (b) 近尾洲水电站布置图 |
| (c) 大源渡水电站布置图 | (d) 土谷塘水电站布置图 |

图 2-2 湘江干流上游各枢纽布置图

**Fig. 2-2 Layout of hubs in the upper reaches of the main stream of the Xiangjiang River**

四个电站枢纽均为典型的低水头、径流式、日调节型电站[2]。湘祁水电站位于湘江干流永州市境内,近尾洲水电站位于湘江干流衡阳市境内、湘祁水电站下游。近尾洲水电站 2002 年建成蓄水,控制流域面积为 28 597 km², 正常蓄水位为 66.1 m(85 国家高程);湘祁水电站 2012 年建成蓄水,控制流域面积 27 118 km², 正常蓄水位为 75.5 m(85 国家高程);土谷塘水电站位于衡阳市衡南县,2016 年建成,控制流域面积 37 273 km²,正常蓄水位为 58.0 m(85 国家高程);大源渡水电站位于湘江干流衡阳市境内,1999 年建成蓄水,控制流域面积为 53 200 km², 正常蓄水位为 50.1 m(85 国家高程)。

梯级枢纽与"四大家鱼"产卵场相对位置如图 2-3 所示。

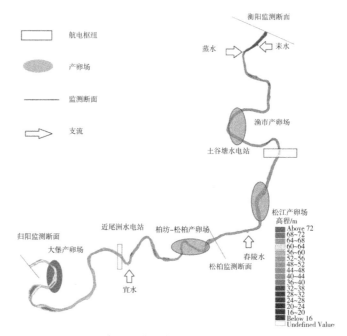

图 2-3  湘江归阳至衡阳枢纽布置图及产卵场分布图

Fig. 2-3  Layout of junctions and distribution of spawning grounds
of Guiyang—Hengyang in Xiangjiang River

## 2.4  水文站点概况

归阳水文站于 1961 年建成,控制流域面积为 27 983 km²,位于衡阳市归阳镇。与梯级枢纽的关系为:位于湘祁水电站下游 5.86 km 处,近尾洲库区末端,距近尾洲水电站 42 km。

衡阳水文站于 1940 年建成,控制流域面积为 52 150 km²,位于衡阳市石鼓区。与梯级枢纽的关系为:位于大源渡枢纽上游 53.73 km 处,大源渡库区回水范围长约 100 km,位于库区中部。

松柏水质监测断面位于衡阳市松柏镇[3]。与梯级枢纽的关系为:位于土谷塘库区,距土谷塘水电站 20 km,距上游近尾洲水电站 30 km,示意图见图 2-3。

## 参考文献

[1] 周志中,尹剑平.湘江干流航电枢纽群生态联合运行调度研究[J].湖南交通科技,2013,39(1):90-92.

[2] 曹艳敏,毛德华,邓美容,等.日调节电站库区生态水文情势评价——以湘江干流衡阳站为例[J].长江流域资源与环境,2019,28(7):1602-1611.

[3] 曹艳敏,毛德华,吴昊,等.湘江干流水环境质量演变特征及其关键因素定量识别[J].长江流域资源与环境,2019,28(5):1235-1243.

# 3

梯级开发对家鱼产卵区
生态水文及环境影响

　　研究梯级开发对河流生态水文、水环境和温度场的影响,是梯级开发对所在区域鱼类产卵场影响分析的重要前置阶段。对于全国"四大家鱼"三大产卵场之一的湘江干流上游段的分析,目前较为缺乏。尤其是湘祁—近尾洲连续四个航电梯级开发对产卵场的生态影响分析,目前多以定性分析为主,缺乏深度的定量分析。因此,本章基于研究区域内 1990—2016 年长时间序列水环境监测数据、1961—2015 年归阳水文站逐日监测数据和 1959—2016 年衡阳水文站逐日监测数据,对研究区域内水文、环境、温度等变化进行深入的定量分析。

# 3.1　家鱼产卵区水文情势变化

## 3.1.1　数据收集

　　本文采用 1959—2016 年衡阳水文站逐日流量、水位资料,1961—2015 年归阳水文站逐日流量、水位资料(由湖南省水文水资源勘测局提供),以及衡阳、归阳水文站河道断面实测数据。逐日流速 $V_i$ 用公式(3-1)推求。

$$V_i = \frac{Q_i}{A_i} \tag{3-1}$$

式中:$Q_i$——逐日流量,m³/s;

　　　$A_i$——$Q_i$ 流量下对应的过水断面面积,m²。

## 3.1.2　家鱼产卵区流量变化趋势

### 3.1.2.1　归阳站流量变化趋势

　　归阳站 55 年年均流量变化和年内流量变化过程,见图 3-1、3-2。由年均流量线性拟合结果(图 3-1)可以看出归阳站年均流量呈增长趋势,增长趋势度为 1.85 m³/s·a。由 Mann-Kendall 秩相关检验法[公式(1-1)—(1-3)]得出归阳站年均流量呈不显著增长趋势。由年内月平均流量(表 3-1、图 3-2),得出 5 月份流量最大,值为 1 778.3 m³/s;12 月份流量最小,值为 320.6 m³/s。由 Mann-Kendall 秩相关检验法得出 4 月月均流量有明显下降趋势;6 月月均流量有明显上升趋势。流量在汛期的变化幅度大于枯水期变化幅度。

表 3-1　归阳站月均流量变化趋势统计结果　　　　　　单位：m³/s·a

Tab. 3-1　Statistical results of monthly mean flow change trend of Guiyang Station

Unit：m³/s·a

| 检验 | 1 | 2 | 3 | 4 | 5 | 6 | 7 | 8 | 9 | 10 | 11 | 12 | 年均 |
|---|---|---|---|---|---|---|---|---|---|---|---|---|---|
| 趋势度 | 2.78 | 3.24 | 4.06 | −10.5 | 2.05 | 14.79 | 5.22 | 0.3 | 2.5 | 1.3 | 0.4 | 0.61 | 2.2 |
| 检验值 | 1.83 | 1.6 | 1.25 | −2.19 | 0.37 | 2.2 | 1.44 | 0.06 | 1.07 | 0.88 | 0.27 | 0.45 | 0.77 |
| 趋势 | | | | ▼ | | ▲ | | | | | | | |

注：▼显著下降；▲显著上升。

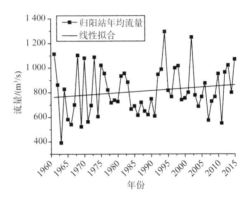

图 3-1　归阳站年均流量变化

Fig. 3-1　Change of annual average discharge of Guiyang Station

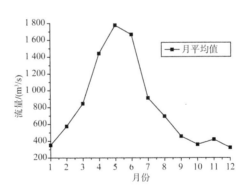

图 3-2　归阳站年内流量变化

Fig. 3-2　Annual flow change of Guiyang Station

### 3.1.2.2 衡阳站流量变化趋势

衡阳站 57 年年均流量变化和年内流量变化过程,见图 3-3、3-4。由年均流量线性拟合结果(图 3-3)可以看出衡阳站年均流量呈增长趋势,增长趋势度为 1.37 m³/s·a,缓于归阳站年均流量增幅。由 Mann-Kendall 秩相关检验法得出衡阳站年均流量无显著变化趋势。由年内月平均流量(图 3-4、表 3-2),得出 5 月份流量最大,值为 2 743.9 m³/s;1 月份流量最小,值为 644 m³/s。由 Mann-Kendall 秩相关检验法得出 4 月月均流量有明显下降趋势;1 月月均流量有明显上升趋势。同样,衡阳站流量在汛期的变化幅度大于枯水期变化幅度。

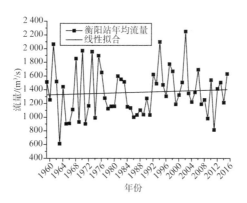

**图 3-3 衡阳站年均流量变化**

**Fig. 3-3 Change of annual average discharge of Hengyang Station**

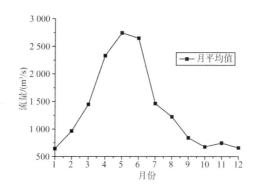

**图 3-4 衡阳站年内流量变化**

**Fig. 3-4 Annual flow change of Hengyang Station**

表3-2　衡阳站月均流量变化趋势统计结果　　　　　　单位:m³/s·a

Tab. 3-2　Statistical results of monthly mean flow change trend of Hengyang Station

Unit:m³/s·a

| 检验 | 1 | 2 | 3 | 4 | 5 | 6 | 7 | 8 | 9 | 10 | 11 | 12 | 年均 |
|---|---|---|---|---|---|---|---|---|---|---|---|---|---|
| 趋势度 | 6.2 | 2.9 | 1.57 | −15.8 | −7.53 | 6.83 | 9.64 | 3.6 | 6.06 | 4.0 | 3.71 | 4.45 | 2.4 |
| 检验值 | 2.6 | 0.94 | 0.24 | −2.37 | −0.92 | 0.81 | 1.85 | 0.94 | 1.76 | 1.41 | 1.38 | 1.62 | 0.83 |
| 趋势 | ▲ | | | ▼ | | | | | | | | | |

## 3.1.3　家鱼产卵区流量变化周期

### 3.1.3.1　归阳站流量变化周期

由图3-5可以看出归阳站流量从上至下存在25～32年以上(曲线未闭合)、8～18年、3～7年3类尺度周期变化规律。从大尺度25～32年以上分析,可以看出曲线在32年尺度上没有闭合,说明这个周期是25年至32年以上的周期变化,该尺度上归阳站年均流量经历了枯→丰→枯→丰→枯5个循环交替。8～18年尺度上,归阳站年均流量经历了丰→枯→丰→枯→丰→枯→丰→枯→丰→枯10个循环交替。3～7年尺度上有更多的循环交替。

Morlet 小波系数的模表示能量密度,其等值线图表示出各时间尺度在时间域中的分布,模越大,其模对应的尺度周期性越明显。由图3-6可以发现,25～32年以上和3～7年这两个尺度,小波系数的模较大,说明这两个周期变化相对明显。

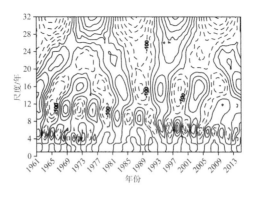

图3-5　归阳站年均流量小波实部变换等值线图

Fig. 3-5　Wavelet real part transform contour map of annual average flow of Guiyang Station

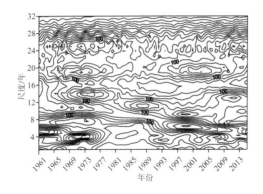

图 3-6　归阳站年均流量小波模变换等值线图

Fig. 3-6　Wavelet modulus transform contour map of annual average flow of Guiyang Station

利用公式(1-6)计算归阳站年均流量的小波方差。由图 3-7 可以看出,归阳站小波方差在 32 年的时间尺度内有 3 个波峰,峰值分别为 6、10、16 年,在 32 年以后小波方差曲线呈上升趋势,且远高于 32 年尺度内的 3 个波峰值,说明归阳水文站年均流量的主要周期大于 32 年,是流量变化的第 1 周期,第 2—4 周期依次为 16、6、10 年。

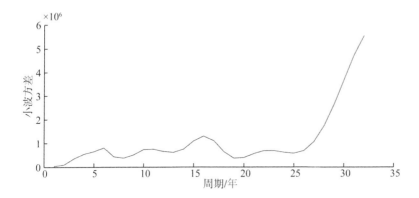

图 3-7　归阳站年均流量小波方差图

Fig. 3-7　Wavelet variance graph of annual average flow of Guiyang Station

### 3.1.3.2　衡阳站流量变化周期

由图 3-8 可以看出衡阳站流量从上至下存在 25～32 年以上(没闭合)、12～24 年、4～8 年 3 类尺度周期变化规律。从大尺度 25～32 年以上分析,可以看出曲线在 32 年尺度上没有闭合,说明这个周期是 25 年至 32 年以上的周期变化,该尺度上衡阳站年均流量经历了枯→丰→枯→丰→枯5个循环交替。12～24年尺度上,衡阳站年均流量经历了丰→枯→丰→枯→丰→枯→丰→枯→丰→枯→丰11个循环交替,在2015年偏丰曲线仍未闭合,处于偏丰期。4～8年尺度上有更多的循环交替。

衡阳站年均流量的Morlet小波系数的模比归阳站小波系数的模更为密集,说明衡阳站年均流量的周期性比归阳站更为明显。由图3-9可以发现,3个尺度小波系数的模都较大,表明这3个周期变化明显。

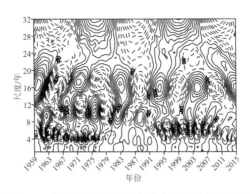

图 3-8　衡阳站年均流量小波实部变换等值线图

**Fig. 3-8　Contour chart of the wavelet real part transformation of the annual average flow of Hengyang Station**

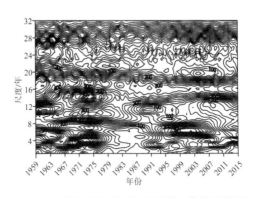

图 3-9　衡阳站年均流量小波模变换等值线图

**Fig. 3-9　Contour chart of the wavelet modulus transformation of the annual average flow of Hengyang Station**

利用公式(1-6)计算衡阳站年均流量的小波方差。由图3-10可看出衡阳站小波方差在32年的时间尺度内有4个波峰,峰值分别为4、6、10、16年,与归阳站相同,衡阳站在32年以后小波方差曲线呈上升趋势,且远高于32年尺度内的

4个波峰值,说明衡阳站年均流量的主要周期也大于32年,是流量变化的第1周期,第2—5周期依次为16、6、10、4年。

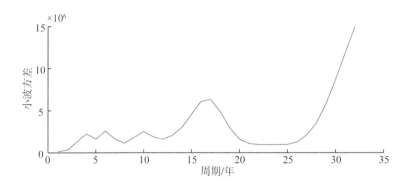

图 3-10 衡阳站年均流量小波方差图

Fig. 3-10 Wavelet variance graph of annual average flow of Hengyang Station

## 3.1.4 基于 RVA 法的生态水文变化

### 3.1.4.1 归阳站生态水文变化

归阳水文站位于湘祁电站下游5.86 km处,近尾洲库区末端,距近尾洲电站42 km。

(1)研究区域水文情势年际变化

对研究区域归阳站年均流量、水位及流速进行年际分析(图3-11)。2002年近尾洲电站蓄水使年均水位明显抬升,年均流速明显下降。近尾洲电站蓄水使年均水位由65.85 m抬升至66.66 m,而年均流速由0.757 m/s降到0.577 m/s,降低23.8%。2012年湘祁电站蓄水后,归阳站水位抬升至66.82 m,流速升至0.639 m/s,流速升高10.7%。

(2)研究区域生态水文改变度

为定量评价近尾洲电站蓄水及近尾洲+湘祁电站联合运行库区河流生态水文情势的改变程度,以电站蓄水时间为分界点,将归阳站水文数据序列划分为三个时段:第一阶段1961—2001年,天然河道情况;第二阶段2002—2011年,近尾洲电站蓄水;第三阶段2012—2015年,近尾洲+湘祁电站联合运行条件下。在此基础上采用变动范围法(RVA)[公式(1-7)]计算归阳站流量、水位及流速3个水文指标的变化程度(表3-3)。

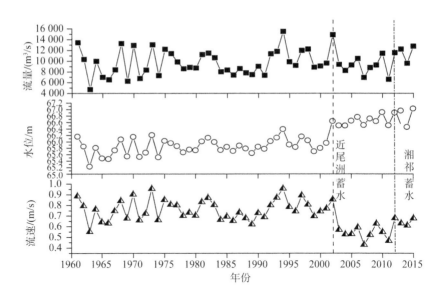

图 3-11 归阳站年均流量、水位、流速年际变化图

Fig. 3-11 Interannual variation chart of annual average flow, water level and flow velocity of Guiyang Station

流量指标改变度如图 3-12 所示,近尾洲电站单独运行下,归阳站流量高度改变指标有 1 个,中度改变指标有 2 个,整体改变度为 29%,属于低度改变;湘祁+近尾洲电站联合运行下,高度改变指标有 6 个,中度改变指标有 12 个,整体改变度为 54%,属于中度改变。水位指标改变度如图 3-13 所示,近尾洲电站单独运行下,归阳站水位高度改变指标有 14 个,中度改变指标有 8 个,整体改变度为 67%,属于高度改变;湘祁+近尾洲电站联合运行下,高度改变指标有 20 个,中度改变指标有 4 个,整体改变度为 83%,属于高度改变。流速指标改变度如图 3-14 所示,近尾洲电站单独运行下,归阳站流速高度改变指标有 11 个,中度改变指标有 5 个,整体改变度为 53%,属于中度改变;湘祁+近尾洲电站联合运行下,流速高度改变指标有 3 个,中度改变指标有 9 个,整体改变度为 45%,属于中度改变,改变度较近尾洲电站单独运行情况下有所减少。

两梯级联合运行加强了对该地区流量、水位的改变程度,但两梯级联合运行对流速的改变程度要缓于下游电站单独运行。这是因为下游梯级蓄水使库区水位抬高,流速减缓,而上游梯级泄水加大了下游流速,并且监测断面距上游梯级距离较近,受上游梯级影响更大。两梯级联合运行对流量、水位高度改变指标个数要高于下游梯级单独运行,流速高度改变指标个数相对于下游梯级单独运行有所减少。

表 3-3 梯级开发蓄水前后生态水文指标统计表

Tab. 3-3 Statistical table of eco-hydrology indexes before and after impoundment of cascade reservoirs

| IHA指标 | 流量 | | | | | 水位 | | | | | 流速 | | | | |
|---|---|---|---|---|---|---|---|---|---|---|---|---|---|---|---|
| | 天然河道 | 近尾洲蓄水后 | 湘祁蓄水后 | 1,2阶段改变度(%) | 1,3阶段改变度(%) | 天然河道 | 近尾洲蓄水后 | 湘祁蓄水后 | 1,2阶段改变度(%) | 1,3阶段改变度(%) | 天然河道 | 近尾洲蓄水后 | 湘祁蓄水后 | 1,2阶段改变度(%) | 1,3阶段改变度(%) |
| 1月份均值 | 326.2 | 351.1 | 450.1 | 11.82 | 37.88 | 65.24 | 66.14 | 68.15 | 85.86 | 100 | 0.50 | 0.36 | 0.34 | 18 | 31.67 |
| 2月份均值 | 559 | 611.5 | 479 | 12.14 | 46.43 | 65.6 | 66.41 | 68.16 | 71.72 | 100 | 0.67 | 0.54 | 0.39 | 26.79 | 63.39 |
| 3月份均值 | 848.5 | 703.7 | 848.2 | 23 | 36.67 | 65.97 | 66.55 | 68.56 | 29.31 | 64.66 | 0.83 | 0.61 | 0.51 | 31.67 | 65.83 |
| 4月份均值 | 1 525 | 1 027 | 1 323 | 60.32 | 0.806 5 | 66.71 | 66.86 | 68.88 | 19.03 | 66.94 | 1.12 | 0.74 | 0.66 | 85.86 | 29.31 |
| 5月份均值 | 1 763 | 1 643 | 2 140 | 9.333 | 2.5 | 66.93 | 67.42 | 69.69 | 18 | 100 | 1.19 | 0.98 | 0.90 | 29.31 | 29.31 |
| 6月份均值 | 1 547 | 2 145 | 1 646 | 43.45 | 41.38 | 66.96 | 67.76 | 69.2 | 56.07 | 100 | 1.10 | 1.12 | 0.79 | 8.89 | 13.89 |
| 7月份均值 | 918.8 | 949.5 | 854.1 | 13.1 | 41.38 | 65.97 | 66.87 | 68.53 | 18 | 59 | 0.82 | 0.64 | 0.51 | 28.7 | 10.87 |
| 8月份均值 | 664.6 | 695.5 | 1 076 | 8.529 | 9.559 | 65.72 | 66.6 | 68.62 | 56.07 | 100 | 0.72 | 0.49 | 0.57 | 70.71 | 9.8 |
| 9月份均值 | 455.5 | 420.6 | 598.6 | 24.24 | 24.24 | 65.44 | 66.31 | 68.23 | 100 | 100 | 0.59 | 0.40 | 0.44 | 8.89 | 13.89 |
| 10月份均值 | 364.2 | 330.8 | 391.6 | 2.5 | 9.821 | 65.34 | 66.27 | 68.08 | 100 | 100 | 0.53 | 0.30 | 0.32 | 68.46 | 21.15 |
| 11月份均值 | 373.4 | 358.6 | 1 030 | 15.17 | 29.31 | 65.36 | 66.27 | 68.61 | 100 | 100 | 0.53 | 0.33 | 0.56 | 54.44 | 24.07 |
| 12月份均值 | 286.9 | 291.6 | 711.1 | 8.529 | 39.71 | 65.18 | 66.19 | 68.39 | 100 | 100 | 0.47 | 0.29 | 0.49 | 39.26 | 24.07 |
| 年均1日最小值 | 81.28 | 70.38 | 105.9 | 57.59 | 64.66 | 64.68 | 65.51 | 66.02 | 86.33 | 100 | 0.24 | 0.10 | 0.09 | 84.81 | 62.04 |
| 年均3日最小值 | 85.16 | 77.86 | 189 | 12.14 | 100 | 64.7 | 65.58 | 67.24 | 86.33 | 100 | 0.25 | 0.10 | 0.17 | 84.81 | 13.89 |
| 年均7日最小值 | 97.55 | 88.54 | 213.2 | 7.419 | 100 | 64.74 | 65.7 | 67.65 | 85.86 | 100 | 0.27 | 0.12 | 0.17 | 84.23 | 21.15 |
| 年均30日最小值 | 139.2 | 125.3 | 271.5 | 6.296 | 100 | 64.87 | 65.94 | 67.92 | 100 | 100 | 0.33 | 0.16 | 0.23 | 100 | 9.82 |

续表

| IHA指标 | 流量 | | | | | 水位 | | | | | 流速 | | | | |
|---|---|---|---|---|---|---|---|---|---|---|---|---|---|---|---|
| | 天然河道 | 近尾洲蓄水后 | 湘祁蓄水后 | 1,2阶段改变度(%) | 1,3阶段改变度(%) | 天然河道 | 近尾洲蓄水后 | 湘祁蓄水后 | 1,2阶段改变度(%) | 1,3阶段改变度(%) | 天然河道 | 近尾洲蓄水后 | 湘祁蓄水后 | 1,2阶段改变度(%) | 1,3阶段改变度(%) |
| 年均90日最小值 | 267.3 | 273.9 | 404 | 8.889 | 62.04 | 65.15 | 66.17 | 68.07 | 100 | 100 | 0.45 | 0.15 | 0.33 | 68.46 | 18.27 |
| 年均1日最大值 | 7 161 | 7 979 | 6 838 | 15.17 | 29.31 | 71.04 | 72.27 | 73.28 | 57.59 | 29.31 | 2.10 | 0.27 | 1.83 | 18 | 65.83 |
| 年均3日最大值 | 5 905 | 6 482 | 5 322 | 31.67 | 31.67 | 70.2 | 71.21 | 72.29 | 26.79 | 26.79 | 1.95 | 2.22 | 1.52 | 12.14 | 63.39 |
| 年均7日最大值 | 4 339 | 4 542 | 3 895 | 12.14 | 9.821 | 69.05 | 69.8 | 71.26 | 8.889 | 24.07 | 1.73 | 1.99 | 1.26 | 21.15 | 60.58 |
| 年均30日最大值 | 2 510 | 2 558 | 2 517 | 7.419 | 32.26 | 67.59 | 68.14 | 70.02 | 33.87 | 100 | 1.39 | 1.67 | 1.00 | 26.79 | 26.79 |
| 年均90日最大值 | 1 752 | 1 756 | 1 808 | 12.14 | 46.43 | 66.92 | 67.51 | 69.37 | 45.33 | 100 | 1.19 | 1.24 | 0.83 | 69.63 | 100 |
| 基流指数 | 0.12 | 0.12 | 0.22 | 20.65 | 100 | 0.98 | 0.99 | 0.99 | 36.92 | 21.15 | 0.36 | 0.20 | 0.31 | 70.71 | 9.82 |
| 年最小值出现时间 | 346.5 | 344.4 | 360.5 | 100 | 100 | 344.49 | 339.1 | 332.8 | 100 | 100 | 348.3 | 336.1 | 376 | 100 | 70.83 |
| 年最大值出现时间 | 151.8 | 155.4 | 203.8 | 17.14 | 26.79 | 151.9 | 158.3 | 204.3 | 17.14 | 26.79 | 151.7 | 163.5 | 148.3 | 10.34 | 29.31 |
| 低脉冲次数 | 7.73 | 5.8 | 4.75 | 15.31 | 35.94 | 2.71 | — | — | 20.59 | 20.59 | 5.76 | 8.9 | 13.5 | 39.26 | 62.04 |
| 低脉冲历时 | 15.42 | 13.37 | 2.792 | 26.15 | 100 | 10.12 | — | — | 100 | 100 | 9.85 | 17.66 | 12.11 | 1.03 | 6.03 |
| 高脉冲次数 | 9.42 | 6.5 | 10.5 | 24.07 | 13.89 | 10.44 | 8.4 | 9.25 | 15.17 | 29.31 | 11.07 | 7.1 | 9.25 | 20.65 | 33.87 |
| 高脉冲历时 | 3.77 | 4.53 | 3.96 | 29.71 | 17.14 | 4.43 | 11.75 | 99.43 | 100 | 100 | 5.13 | 3.87 | 2.91 | 11.82 | 100 |
| 上升率 | 266.1 | 225 | 256.2 | 5.385 | 57.69 | 0.28 | 0.22 | 0.26 | 21.15 | 57.69 | 0.10 | 0.08 | 0.09 | 28.70 | 10.87 |
| 下降率 | -174.6 | -161.3 | -197.3 | 1.034 | 29.31 | -0.18 | -0.17 | -20 | 33.87 | 0.81 | -0.06 | -0.06 | -0.08 | 39.26 | 62.04 |
| 逆转次数 | 119.2 | 103.8 | 109.8 | 15.17 | 41.38 | 117.5 | 147.8 | 163.8 | 45.33 | 100 | 119.7 | 119.1 | 135 | 41.38 | 6.03 |

注：1阶段是指天然河道情况；2阶段是指近尾洲电站蓄水后；3阶段是指湘祁电站蓄水后。

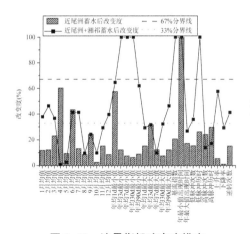

图 3-12 流量指标改变度排序

Fig. 3-12 Ranked absolute degree
of flow index

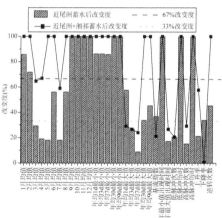

图 3-13 水位指标改变度排序

Fig. 3-13 Ranked absolute degree
of water level index

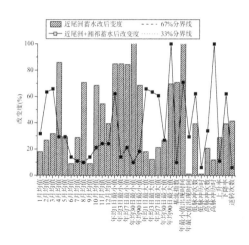

图 3-14 流速指标改变度排序

Fig. 3-14 Ranked absolute degree of velocity index

（3）月均值变化

流量月均值变化见图 3-15,近尾洲电站蓄水后 3—5 月和 9—11 月月均流量较天然情况有所减少,其他月份较天然情况都有所增加,其中 4 月、6 月月均流量达到中度改变,改变度分别为 60.32％、43.45％,月均流量最大值由天然状况下的 5 月（1 763 m³/s）变为了 6 月（2 145 m³/s）;近尾洲＋湘祁电站联合运行后,2—4 月及 7 月月均流量较天然河道情况有所减少,其他月份较天然情况有所增加,其中 1—3 月、6 月、7 月、12 月月均流量改变度达到了中度改变,月均流量最大值出现在 5 月（2 140 m³/s），接近于天然状况的最大值。

水位月均值变化见图 3-16，各月月均水位两种工况蓄水后均高于天然河道情况下，且近尾洲＋湘祁电站联合运行情况下各月月均水位均高于近尾洲电站单独运行情况下。近尾洲电站单独运行情况下，9—12 月月均水位改变度达到 100%；近尾洲＋湘祁电站联合运行情况下，8—12 月、5 月和 6 月月均水位改变度为 100%，月均水位高度改变指标个数增多。

流速月均值变化见图 3-17，近尾洲电站蓄水后相较于天然河道情况，除 6 月月均流速有所增加，其他月份均呈减少趋势，其中 4 月、8 月及 10 月月均流速都达到高度改变；近尾洲＋湘祁电站联合运行下，11、12 月的月均流速高于天然河道情况，8—10 月的月均流速高于近尾洲电站单独运行情况但低于天然情况。近尾洲＋湘祁电站联合运行情况下 2 月和 3 月月均流速达到中度改变。

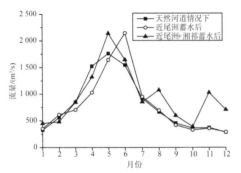

图 3-15　流量月均值变化

Fig. 3-15　Comparison of monthly
mean flow

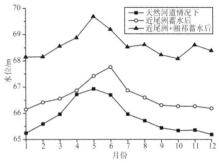

图 3-16　水位月均值变化

Fig. 3-16　Comparison of monthly
mean water level

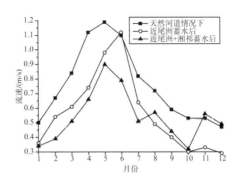

图 3-17　流速月均值变化

Fig. 3-17　Comparison of monthly mean velocity

（4）年极值及其发生时间变化

年极值及其发生时间变化针对流量指标，在近尾洲电站单独运行情况下，流量年均 1 日最小值发生中度改变，由天然状况下的 81.28 m³/s 减少至 70.38 m³/s，改变度为 57.59%，趋向不利。近尾洲＋湘祁两电站联合运行使得各年极值均增大，年均 3、7、30 日最小值（趋向有利），基流指数（趋向有利），年最小值出现时间改变度均为 100%，年均 1、90 日最小值（趋向有利），年均 90 日最大值发生中度改变，且各指标改变均呈增长趋势。

针对水位指标，近尾洲电站单独运行情况下年极值均高于天然状况下，年均 30、90 日最小值，年最小值出现时间改变度为 100%，年均 1、3、7 日最小值为高度改变，年均 1、30、90 日最大值和基流指数均为中度改变。两电站联合运行情况下，年极值均高于近尾洲电站单独运行情况，且增加年均 1、3、7 日最小值，年均 30、90 日最大值 5 个指标改变度为 100%。

针对流速指标，近尾洲电站单独运行情况下，年均 1、3、7、30、90 日最小值均发生高度改变，且都为减小趋势，趋向不利。年均 90 日最大值高度改变，流速值为增大趋势。基流指数高度改变，由 0.36 减小为 0.2，趋向不利。年最小值出现时间发生 100% 改变，出现时间提前 12.2 天。而在近尾洲＋湘祁两电站联合运行情况下，流速年极值及其发生时间指标有所降低，高度变异指标个数减少，除年均 1 日最小值，年均 1、3、7 日最大值发生中度改变，年均 90 日最大值及年最小值出现时间发生高度改变，其他指标为低度改变。

可以发现，除近尾洲＋湘祁两电站联合运行下流速年极小值出现时间改变度为 70.83%，其他指标及工况年极小值出现时间改变度均为 100%，近尾洲电站单独运行情况下年极小值出现时间流量指标提前 2.1 天，水位指标提前 5.39 天，流速指标提前 12.2 天；两库联合运行下，年极小值出现时间流量指标退后 14 天，水位指标提前 11.69 天，流速指标退后 27.7 天。年最小值出现时间的改变将会对河道内生物的栖息环境造成不利影响，甚至影响到鱼类等河流生物的产卵和繁殖等行为，从而影响河流系统的稳定性。

（5）高低脉冲变化

高低脉冲变化针对流量指标，近尾洲电站单独运行下，各指标均为低度改变；两电站联合运行情况下低脉冲历时发生 100% 改变，历时由 15.42 天缩短至 2.79 天，趋向不利。低脉冲次数、上升率、逆转次数均发生中度改变，低脉冲次数由 7.73 次缩短至 4.75 次，上升率由 266.1% 降至 256.2%，逆转次数由 119.2 次降为 109.8 次。

针对水位指标，近尾洲电站单独运行下，低脉冲历时和高脉冲历时发生

100%改变,下降率和逆转次数发生中度改变。其中,低脉冲次数与历时消失,说明水位的低脉冲特征已基本消失,高脉冲历时由 4.43 天增长至 11.75 天,下降率减少,逆转次数增加。两电站联合运行下,低脉冲历时、高脉冲历时和逆转次数发生 100%改变,上升率发生 57.69%中度改变。同样,水位的低脉冲特征已基本消失,高脉冲历时由天然状况下的 4.43 天增加至 99.43 天。

针对流速指标,近尾洲电站单独运行下,由于监测站接近库尾,所以流速脉冲特征改变度并不显著,除低脉冲次数、下降率、逆转次数发生中度改变外,其他指标均为低度改变。两电站联合运行下,高脉冲历时发生 100%改变,历时由 5.13 天降为 2.91 天,低脉冲次数、高脉冲次数和下降率发生中度改变,其中低脉冲次数由 5.76 次增长至 13.5 次,高脉冲次数由 11.07 次减少到 9.25 次。

由此分析得出,无论是近尾洲电站单独运行还是两电站联合运行,由于下游梯级蓄水,水位抬高,监测站水位的低脉冲特征已基本消失,高脉冲历时极大地增加,且两梯级联合运行对高脉冲历时增大的影响大于下游梯级单独运行。下游梯级蓄水对库尾的流量、流速脉冲特征影响不大。但上下游梯级联合运行下,由于上游梯级在枯水期对流量的调度作用,监测站的流量的低脉冲历时发生了 100%改变,历时缩短;流速的高脉冲历时发生 100%改变,历时缩短,说明上游梯级会对流速的高脉冲历时产生不利影响。

(6) 生态水文情势改变度评价

进一步评价近尾洲水电站及近尾洲与湘祁水电站共同运行后库区流量、水位、流速改变程度,计算归阳站流量、水位、流速各指标的整体改变度以及各组指标的改变程度如表 3-4 所示。

表 3-4 归阳站水文指标整体改变度     单位:%

Tab. 3-4   **Total changes in hydrology indexes of Guiyang Station**    Unit:%

| 工况 | 类型 | 各组水文改变度 | | | | | 整体水文改变度 $D_o$ |
|---|---|---|---|---|---|---|---|
| | | 第1组(月均值) | 第2组(年均极值) | 第3组(年极值出现时间) | 第4组(高、低脉冲的频率及历时) | 第5组(变化率及频率) | |
| 近尾洲电站蓄水 | 流量 | 25(L) | 23(L) | 72(H) | 24(L) | 9(L) | 29(L) |
| | 水位 | 71(H) | 68(H) | 72(H) | 72(H) | 35(M) | 67(H) |
| | 流速 | 46(M) | 66(M) | 71(H) | 23(L) | 37(M) | 53(M) |
| 近尾洲+湘祁电站蓄水 | 流量 | 31(L) | 70(H) | 73(H) | 54(M) | 44(M) | 54(M) |
| | 水位 | 92(H) | 81(H) | 73(H) | 73(H) | 67(H) | 83(H) |
| | 流速 | 33(M) | 50(M) | 54(M) | 61(M) | 37(M) | 45(M) |

注:H 高度改变;M 中度改变;L 低度改变。

由表 3-4 可得,近尾洲电站单独蓄水对库区尾部归阳站水文特征的影响为 $D_{水位}>D_{流速}>D_{流量}$。库区尾端水位 1—4 组为高度改变,第 5 组为中度改变;流速第 1、2、5 组为中度改变,第 3 组为高度改变,第 4 组为低度改变;流量第 1、2、4、5 组均为低度改变,第 3 组由于年极小值发生时间发生 100% 改变,而为高度改变。

两电站联合运行后,流量、水位指标整体改变度均高于近尾洲电站单独运行,但流速指标改变度低于近尾洲电站单独运行情况下。两梯级运行下各指标改变度为 $D_{水位}>D_{流量}>D_{流速}$。流量第 1 组为低度改变,第 2、3 组为高度改变,第 4、5 组为中度改变。水位各组指标均发生高度改变。流速各组改变度均为中度改变。

(7)累积效应对生态的影响

近尾洲电站蓄水最显著的作用是使库尾(归阳水文站处)水位抬高,而两电站联合运行使得该区域水位变异程度加大,5、6 月月均水位发生 100% 变异。水位的抬高致使流速减缓,近尾洲电站单独运行情况下,4 月月均流速由 1.12 m/s 减少至 0.74 m/s,发生了高度改变。而两电站联合运行,由于上游电站泄水加大流速,使流速的改变度减缓,尤其 4—7 月月均流速均为低度改变,这表明上下游梯级的联合运行对该区域家鱼产卵所需流速条件的形成是有利的。

流量脉冲是刺激家鱼产卵的关键影响因素之一,由本节研究得出:

①无论是下游电站单独运行还是两电站联合运行,两梯级之间区域的水位低脉冲特征已基本消失,高脉冲历时显著增加,次数减少。研究区域水位的低脉冲特征消失,是由于下游电站蓄水,水位抬高,维持在高水位水平,水位上升可刺激家鱼产卵,有利于维持水生生物栖息地。但两电站联合运行,流量的低脉冲历时减少,不利于水生生物栖息地的维持。因此,两电站联合运行对水位高脉冲历时增大的影响大于下游电站单独运行。

②下游电站对库区尾端的流量、流速脉冲影响不大。但两电站联合运行同时引起了两电站之间流量的低脉冲历时和流速的高脉冲历时 100% 的变异,且趋向不利。

由各指标整体改变度及各组指标改变程度(表 3-4)分析得到,近尾洲电站单独运行,水位第 1 组(月均值)高度改变,对水生生物栖息地蓄水及水温、含氧量、光合作用产生影响;水位第 2 组(年均极值)高度改变,对河道地形、地貌以及水生生物自然栖息地等产生影响;流量、水位及流速第 3 组(年极值出现时间)高度改变,说明日调节型电站建成蓄水对鱼类洄游产卵、生命体循环繁殖、物种进化有较大的影响;水位第 4 组(高、低脉冲的频率及历时)高度改变,影响蓄滞洪区对水生生物的支持。两电站联合运行,水位第 1 组(月均值)指标高度改变,流量、水位第 2、3 组指标均发生高度改变;水位第 4、5 组指标发生高度改变。两电站联合运行加剧了水位的变异程度,但减缓了流速的变异程度,尤其是将流速第 3 组指标由高度改变减少为中度改变。在河流生态系统中,水位与流速有不同的影响作用,对于"四大家鱼"产卵繁殖而言,流速是刺激其产卵行为及保证鱼卵受精漂浮的关键因素,从该点出发,梯级开发相对于下游电站单独运行更利于刺激"四大家鱼"产卵繁殖。

### 3.1.4.2　衡阳站生态水文变化

衡阳站位于大源渡枢纽库区中部,2016 年建成蓄水的土谷塘电站下游。在 2016 年之前,衡阳站主要受大源渡枢纽蓄水的影响。

因此,为定量评价大源渡枢纽蓄水后库区河流生态水文情势的改变程度,将衡阳站流量、流速数据序列划分为两个时段:大源渡枢纽蓄水前(1959—1998 年),大源渡枢纽蓄水后(1999—2015 年)。在此基础上采用变动范围法(RVA)[公式(1-7)]计算衡阳站流量、流速各指标的变化程度(表 3-5),根据各指标的变化情况对生态水文情势的改变程度进行分析。

表 3-5　大源渡枢纽蓄水前后衡阳站生态水文指标统计表

Tab. 3-5　Statistical table of eco-hydrology indexes of Hengyang Station

before and after impoundment of the Dayuandu Reservoir

| IHA 指标 | 流量 | | | 流速 | | |
|---|---|---|---|---|---|---|
| | 蓄水前 | 蓄水后 | 改变度(%) | 蓄水前 | 蓄水后 | 改变度(%) |
| 1 月份均值 | 625 | 688 | 6.9 | 0.52 | 0.19 | 91.3 |
| 2 月份均值 | 996 | 889 | 9.8 | 0.64 | 0.24 | 92.4 |
| 3 月份均值 | 1 520 | 1 284 | 10.3 | 0.76 | 0.34 | 91.9 |
| 4 月份均值 | 2 528 | 1 869 | 21.6 | 0.96 | 0.46 | 100 |
| 5 月份均值 | 2 847 | 2 501 | 5.4 | 1.00 | 0.58 | 100 |
| 6 月份均值 | 2 576 | 2 815 | 26 | 0.93 | 0.64 | 74.8 |
| 7 月份均值 | 1 402 | 1 601 | 26 | 0.70 | 0.39 | 69.3 |
| 8 月份均值 | 1 129 | 1 440 | 4.4 | 0.66 | 0.35 | 83.2 |
| 9 月份均值 | 797 | 948 | 7.6 | 0.56 | 0.25 | 92.4 |
| 10 月份均值 | 647 | 744 | 13.6 | 0.52 | 0.20 | 81.9 |
| 11 月份均值 | 656 | 960 | 17.6 | 0.52 | 0.24 | 90.2 |

| IHA 指标 | 流量 | | | 流速 | | |
|---|---|---|---|---|---|---|
| | 蓄水前 | 蓄水后 | 改变度（%） | 蓄水前 | 蓄水后 | 改变度（%） |
| 12 月份均值 | 557 | 794 | 10.3 | 0.48 | 0.21 | 83.2 |
| 年均 1 日最小值 | 182 | 328 | 91.6 | 0.29 | 0.09 | 100 |
| 年均 3 日最小值 | 194 | 340 | 91.9 | 0.30 | 0.10 | 100 |
| 年均 7 日最小值 | 214 | 369 | 83.2 | 0.32 | 0.10 | 100 |
| 年均 30 日最小值 | 278 | 438 | 75.7 | 0.36 | 0.12 | 100 |
| 年均 90 日最小值 | 496 | 619 | 0.8 | 0.46 | 0.17 | 100 |
| 年均 1 日最大值 | 10 090 | 10 330 | 9.2 | 1.67 | 1.64 | 30.3 |
| 年均 3 日最大值 | 8 884 | 8 969 | 8.6 | 1.57 | 1.51 | 4.1 |
| 年均 7 日最大值 | 6 865 | 6 427 | 35.8 | 1.40 | 1.22 | 2.3 |
| 年均 30 日最大值 | 4 154 | 3 597 | 17.6 | 1.16 | 0.79 | 91.9 |
| 年均 90 日最大值 | 2 873 | 2 644 | 8.6 | 1.00 | 0.61 | 100 |
| 基流指数 | 0.159 | 0.28 | 92.2 | 0.46 | 0.32 | 84.3 |
| 年最小值出现时间 | 342 | 334 | 100 | 337.8 | 324.2 | 100 |
| 年最大值出现时间 | 151 | 171 | 8.9 | 151.1 | 165.9 | 16.5 |
| 低脉冲次数 | 6.7 | 4.06 | 24.7 | 4.88 | 9.06 | 56.4 |
| 低脉冲历时 | 15.34 | 8.1 | 73.9 | 11.81 | 37.26 | 58.0 |
| 高脉冲次数 | 8.05 | 7.1 | 16 | 10 | 5.53 | 49.6 |
| 高脉冲历时 | 4.387 | 4.45 | 9.2 | 5.95 | 3.00 | 81.9 |
| 上升率 | 344.3 | 281 | 5.8 | 0.62 | 0.05 | 11.7 |
| 下降率 | −237.2 | −223 | 7.6 | −0.04 | −0.04 | 39.0 |
| 逆转次数 | 112 | 95 | 4.1 | 115 | 102.2 | 17.7 |

（1）月均值变化

图 3-18 为大源渡枢纽蓄水前后衡阳站月均流量、流速变化图。由图 3-18 可以看出,大源渡枢纽蓄水后衡阳站月均流量在 2 月—6 月呈增加趋势;6 月—次年 1 月呈减少趋势,全年均为低度改变。相较于流量,流速均呈显著下降趋势,1—12 月月均流速均为高度改变,其中 4、5 月改变度达到 100%。枢纽蓄水后,库区月均流速减少了 0.27～0.5 m/s,分别减少了 31%～63%。

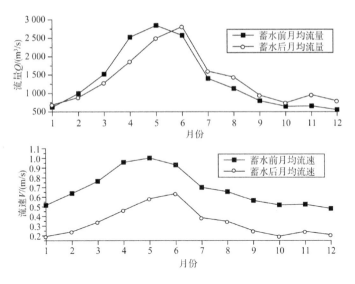

**图 3-18 流量和流速月均值变化**

**Fig. 3-18 Comparison of monthly mean flow and velocity**

（2）年极值及其发生时间变化

衡阳站年均极小值流量都呈增加趋势，年均 1、3、7、30 日最小值流量改变度均属于高度改变。其中，年均 1 日最小值［图 3-19(a)］和年均 3 日最小值［图 3-19(b)］改变度分别为 91.6% 和 91.9%，枢纽蓄水后除 1999 年和 2005 年低于 RVA 上限，其余年份均高于 RVA 上限值。年极小值流量出现时间改变度为 100%，发生时间整体为 10 月—次年 2 月期间，个别年份年极小值流量出现时间在 6、7 月份，出现时间均值蓄水后比蓄水前提前 8 天。流量的基流指数蓄水后较蓄水前增加 76.1%，改变度为 92.2%，属于高度改变［图 3-19(e)］。

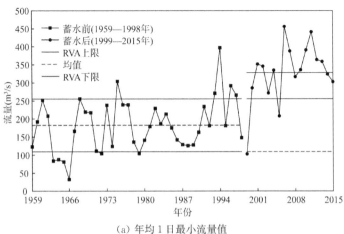

（a）年均 1 日最小流量值

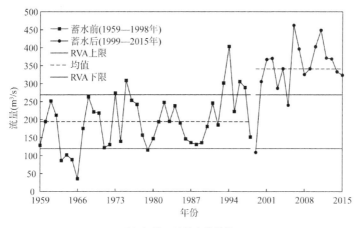

（b）年均 3 日最小流量值

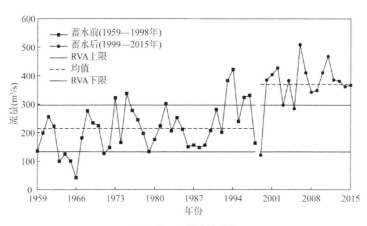

（c）年均 7 日最小流量值

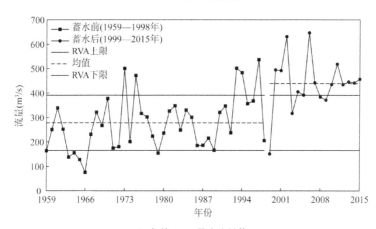

（d）年均 30 日最小流量值

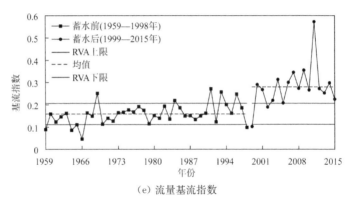

（e）流量基流指数

**图 3-19  年极值流量变化**

**Fig. 3-19  Annual extreme flow alteration**

衡阳站年均极大流速值和年均极小流速值均呈减小趋势。其中,所有年均日极小值流速和年均 90 日极大值流速[图 3-20(b)]改变度都达到了 100%,年均 30 日极大值流速改变度达到 91.9%,属于高度改变。枢纽蓄水后年均 30、90 日极小值流

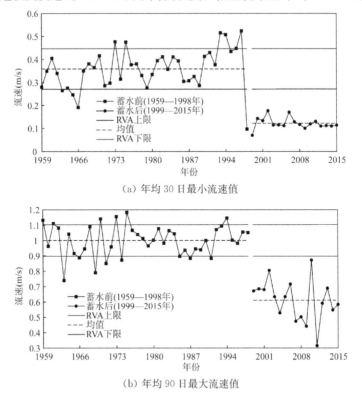

（a）年均 30 日最小流速值

（b）年均 90 日最大流速值

**图 3-20  年极值流速变化**

**Fig. 3-20  Annual extreme velocity alteration**

速和年均90日极大值流速整体低于 RVA 下限值(见图 3-20)。年极小值流速出现时间改变度为100%,发生时间整体为10月—次年2月期间,个别年份年极小值流速出现时间在6、7月份,出现时间均值蓄水后比蓄水前提前13.6天。

(3)高、低脉冲变化

大源渡枢纽蓄水后,使库区回水范围内流量的低脉冲历时(图 3-21)和流速的高脉冲历时(图 3-22)缩短,形成高度改变。流量的低脉冲历时由蓄水前的15.34天缩短为8.1天,改变度为73.9%;流速的高脉冲历时由蓄水前的5.95天缩短为3天,改变度为81.9%。

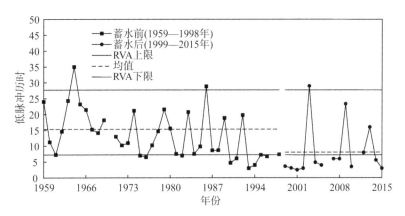

**图 3-21  流量低脉冲历时**

Fig. 3-21  **Low pulse duration of flow**

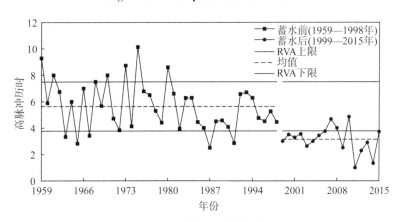

**图 3-22  流速高脉冲历时**

Fig. 3-22  **High pulse duration of velocity**

(4)生态水文情势改变度评价及影响

根据表 3-5 所列衡阳站流量、流速各指标改变度进行排序,如图 3-23、图

3-24 所示。得出大源渡枢纽蓄水后流量 IHA 指标以低度改变居多,发生高度改变的有基流指数,年均 1 日、3 日、7 日、30 日最小值,低脉冲历时及年最小值出现时间 7 个指标。流速 IHA 指标以高度改变居多,发生高度改变的有 1—12 月份均值,年均 1、3、7、30、90 日最小值,年均 30、90 日最大值,基流指数、年最小值出现时间及高脉冲历时 22 个指标。

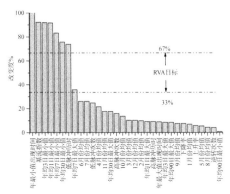

图 3-23　流量指标改变度排序

**Fig. 3-23　Ranked absolute degree of flow index**

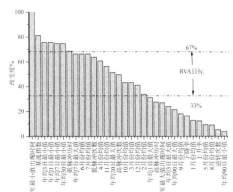

图 3-24　流速指标改变度排序

**Fig. 3-24　Ranked absolute degree of velocity index**

进一步评价大源渡枢纽蓄水后库区流量、流速改变程度,计算流量、流速各指标的整体改变度以及各组指标的改变程度(表 3-6)。据此可知,流量整体改变度为中度改变,第 3 组为高度改变,第 2、4 组改变为中度改变,第 1、5 组为低度改变;流速整体改变度为高度改变,改变度达到 81%,第 1—3 组为高度改变,第 4 组为中度改变,第 5 组为低度改变。

表 3-6　衡阳站流量、流速整体改变度　　　　　　　　　　　单位:%

**Tab. 3-6　Total alteration in flow and velocity of Hengyang Station　　Unit:%**

| 类型 | 各组水文改变度 | | | | | 整体水文改变度 $D_o$ |
|---|---|---|---|---|---|---|
| | 第1组(月均值) | 第2组(年均值极值) | 第3组(年极值出现时间) | 第4组(高、低脉冲的频率及历时) | 第5组(变化率及频率) | |
| 流量 | 15 | 58 | 71 | 40 | 6 | 43 |
| 流速 | 88 | 83 | 71 | 63 | 26 | 81 |

(5) 对生态系统的影响

结合表 3-6 以及 IHA 各组参数对河流生态系统的影响进行分析。

流速第 1 组(月均值)指标发生高度改变,对水生生物栖息地蓄水以及生物迁徙需求产生影响,同时影响到水温、含氧量、光合作用。

第2组(年均极值)流量的中度改变和流速的高度改变对河道地形、地貌以及水生生物自然栖息地和植物群落分布产生影响。年均1、3、7、30日最小值流量均发生高度改变,枢纽蓄水后流量值均高于天然状况,库区年极小值流量的增加有利于保障水生生物自然栖息地和植物群落;流速指标中所有年均日极小值和年均30、90日极大值发生高度改变,流速整体低于RVA下限值,个别年份位于RVA目标范围,流速的降低不利于库区内泥沙及污染物的携带及冲刷,不利于处理河道沉积物,泥沙易于沉积改变了库区河道地形、地貌,污染物滞留加大了库区生态环境风险。

第3组(年极值出现时间)发生高度改变,其中年最小值出现时间发生100%改变。年极值的发生时间与生物重要的生命阶段相联系,如繁殖、洄游等,枢纽蓄水改变年极值发生的时间,会影响或改变生物的生命活动。同时,本书通过分析其他学者有关类似研究,发现其他地区水利枢纽工程的建设都引起了河流流量等指标年最小值出现时间的高度改变。

流量、流速第4组(高、低脉冲的频率及历时)发生中度改变,流量的低脉冲历时和流速的高脉冲历时发生高度改变,影响库区河道与洪泛区之间的营养与有机物的交换。家鱼产卵活动需要所处江河涨水的刺激,洪水脉冲的持续时间、流量大小和发生频率与渔业产量存在正相关。因此,流量脉冲对家鱼繁殖产卵的影响为持续时间越长、次数越多越刺激家鱼产卵繁殖。由于枢纽拦截阻隔作用,库区流量的低脉冲历时缩短,流速的高脉冲历时缩短,均不利于刺激家鱼产卵繁殖活动。

## 3.1.5 基于 Shannon 指数法的生物多样性分析

利用 $SI$(Shannon Index,Shannon 指数)初步评估归阳站在两梯级运行后生物多样性的改变程度。利用公式(1-10)计算得到天然河道情况下 $SI$ 值为 266.12,近尾洲枢纽蓄水后降低为 225.02,湘祁电站蓄水后归阳站 $SI$ 值为 256.23,有所升高,但仍低于天然河道状况下 $SI$ 值。$SI$ 值降低表明生物多样性降低,生态系统稳定性降低,生态脆弱性增强。

同时,利用 $SI$ 初步评估大源渡枢纽蓄水后衡阳站生物多样性的改变程度。利用公式(1-10)计算得到天然河道情况下 $SI$ 值为 344.31,枢纽蓄水后降低为 281.51。

## 3.2 家鱼产卵区水环境场变化

本书根据归阳、衡阳、松柏 3 个监测断面 1990—2016 年长时间序列水环境监测数据,通过年际变化分析和 Mann-Kendall 秩相关检验法进行整体分析。其中,松柏断面位于整个湘江干流"四大家鱼"产卵场的中部,并位于近尾洲和土谷塘枢纽之间。

### 3.2.1 家鱼产卵区水环境年际变化

对 3 个监测断面的水环境指标进行年际变化分析,见图 3-25 至图 3-28。除 TP 超Ⅲ类水标准,其他监测值均在Ⅲ类水标准范围内。

pH 值是影响鱼类生长的重要因子之一,鱼类一般偏好于微碱性水体。3 个监测断面 1999 年以后水环境控制指标 pH 值普遍高于 1999 年以前,均值由 7.4 上升到至 8.0。除 2009 年衡阳断面 pH 值为 6.86 外,其余断面及检测年份 pH 值均高于 7。溶解氧(DO)影响水体自净能力,同时影响鱼类生长,当水中溶解氧含量低于临界氧浓度时,鱼类停止生长或者死亡。3 个监测断面 DO 都呈持续上升趋势,其中归阳、松柏断面波动明显。

衡阳断面的 $BOD_5$ 值高于归阳和松柏断面,在 2004 年值最大为 2.36 mg/L。归阳断面 $NH_3$-N 在 1998 年出现峰值,达到 0.52 mg/L。过量的氮输入会造成水体酸化、富营养化,产生毒性等副作用,从而危害河流的生态系统健康,而 $NH_3$-N 是河流氮素的主要存在形式之一。衡阳断面 $NH_3$-N 呈明显上升趋势,且在 1999 年后,高于归阳和松柏断面。

该地区 TP 出现超标问题,2003 年松柏断面 TP 值(0.461 mg/L)和 2010 年衡阳断面 TP 值(0.268 mg/L)超过Ⅲ类水标准。归阳断面 $COD_{Mn}$ 呈上升趋势,松柏断面呈下降趋势,2006 年后,归阳断面 $COD_{Mn}$ 年均值大于松柏和衡阳断面。

该地区重金属并未出现超标,但波动明显。3 个监测断面 Cd 波动趋势一致,在 2000—2006 年之间出现三次波动,2006 年松柏断面 Cd 达到极大值 0.003 4 mg/L,2006 年后 3 个监测断面 Cd 减少,维持在 0.001 mg/L 左右。3 个监测断面 $Cr^{6+}$ 波动趋势一致,在 1994—2000 年出现一次波动,1997 年达到峰值,归阳断面为 0.031 mg/L,松柏断面为 0.021 mg/L,衡阳断面为 0.027 mg/L;2008—2016 年出现三次波动,2014 年衡阳站到峰值,衡阳断面达到 0.029 mg/L。在 1995—2001 年,松柏断面出现 As 污染,1998 年达到 0.21 mg/L,归阳和衡阳断面 As

值小于 0.03 mg/L。

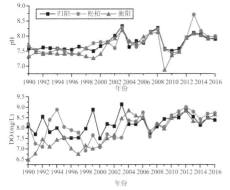

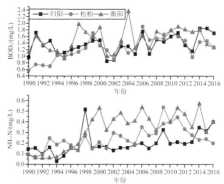

图 3-25 pH 和 DO 年际变化

Fig. 3-25 Interannual variations
of pH and DO

图 3-26 BOD₅ 和 NH₃-N 年际变化

Fig. 3-26 Interannual variations of
BOD₅ and NH₃-N

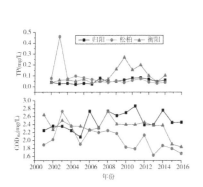

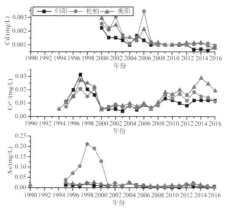

图 3-27 TP 和 COD_Mn 年际变化

Fig. 3-27 Interannual variations of
TP and COD_Mn

图 3-28 Cd、Cr⁶⁺ 和 As 年际变化

Fig. 3-28 Interannual variations
of Cd,Cr⁶⁺ and As

## 3.2.2 家鱼产卵区水环境趋势变化

Mann-Kendall 趋势检验结果(见表 3-7)显示,产卵场地区 BOD₅、NH₃-N、Cr⁶⁺ 均呈明显上升趋势,Cd 均呈明显减少趋势。产卵场中下游地区松柏和衡阳断面 COD_Mn 呈减少趋势;归阳和衡阳断面 TP 呈上升趋势,产卵场中部松柏断面呈下降趋势;归阳断面 As 呈下降趋势。

表 3-7　湘江水环境指标 Mann-Kendall 秩相关检验法分析表

Tab. 3-7　Analysis table of Mann-Kendall rank correlation test for water

environmental indicators of Xiangjiang River

| 断面 | BOD_5 | | COD_Mn | | TP | | NH_3-N | | As | | Cr^{6+} | | Cd | |
|---|---|---|---|---|---|---|---|---|---|---|---|---|---|---|
| | $Z$ | 趋势 | $Z$ | 趋势 | $Z$ | 趋势 | $Z$ | 趋势 | $Z$ | 趋势 | $Z$ | 趋势 | $Z$ | 趋势 |
| 归阳 | 3.68 | ↑ | 1.18 | | 5.45 | ↑ | 6.04 | ↑ | −4.78 | ↓ | 8.12 | ↑ | −7.88 | ↓ |
| 松柏 | 3.5 | ↑ | −2.656 | ↓ | −2.87 | ↓ | 3.294 | ↑ | −1.04 | | 2.98 | ↑ | −2.68 | ↓ |
| 衡阳 | 3.87 | ↑ | −2.34 | ↓ | 2.97 | ↑ | 10.13 | ↑ | 0.94 | | 12.35 | ↑ | −7.06 | ↓ |

注：↑表明呈显著上升；↓表明呈显著下降。

## 3.3　家鱼产卵区温度场变化

因松柏断面位于整个湘江干流家鱼产卵场中部，具代表性，且位于近尾洲和土谷塘枢纽之间，因此本研究对松柏断面水温进行分析。收集松柏监测断面 1990—2016 年逐月监测水温数据（数据来自湖南省水质监测站），监测频率为每月 1 次。首先，采用 Mann-Kendall 秩相关检验法对数据序列进行趋势分析。其次，采用复 Morlet 小波对其周期性变化特征进行分析。

### 3.3.1　年均水温基本变化特征

松柏断面年均水温变化过程见图 3-29，可知松柏断面年均水温呈递减趋势，

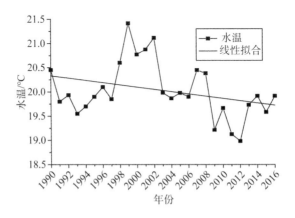

图 3-29　松柏断面年均水温变化

Fig. 3-29　Annual water temperature changes of Songbai Section

递减趋势度为 0.02 ℃/a,根据 Mann-Kendall 秩相关检验水温下降趋势 $Z$ 为 −1.33,为不显著下降趋势。年均水温最高年份为 1999 年,水温为 21.42℃;最低年份为 2012 年,水温为 18.98℃。

### 3.3.2　水温序列的周期变化

根据松柏断面年均水温距平序列,采用复 Morlet 小波进行连续小波变化,得到小波变化系数的实部和模,其小波变化等值线图见图 3-30、图 3-31。小波实部为正,用实线表示,表示水温偏高;虚部为负,用虚线表示,表示水温偏低;实部为零时对应突变点。因监测序列只有 27 年(1990—2016 年)较短,因此,本文由小波分析得到时间尺度只有 16 年,只得到 16 年时间尺度内的周期变化。

由图 3-30 可以看出,水温在 16 年时间尺度以下,主要以 12~16 年周期为主。在这个周期中,松柏断面 1990—2016 年期间,水温经历了低→高→低→高→低 5 个交替循环过程。结合图 3-29,可以看出 1991—1997、2002—2006、2012—2016 年水温偏低;1998—2001、2007—2011 年水温偏高。2016 年开始进入水温偏高的一个循环。在 6~10 年尺度上同样有较少的循环交替。根据图 3-31 可以看出 12~16 年尺度小波系数的模较大,说明这个周期变化最明显。同时,通过小波方差(图 3-32)可以发现,在 16 年尺度内只有一个峰值是 14 年尺度,说明 14 年左右的周期震荡最强。

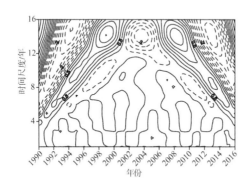

**图 3-30　松柏断面年均水温小波实部变换等值线图**

**Fig. 3-30　Wavelet real part transform contour map of annual average water temperature of Songbai Section**

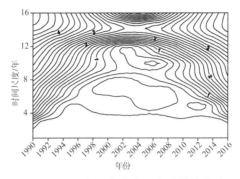

图 3-31　松柏断面年均水温小波模等值线图

Fig. 3-31　Wavelet modulus contour chart of annual
average water temperature of Songbai Section

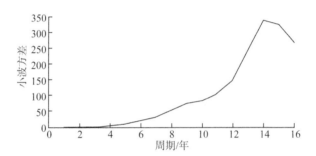

图 3-32　松柏断面年均水温小波方差图

Fig. 3-32　Wavelet variance chart of annual average water temperature of Songbai Section

## 3.4　本章小结

　　本章通过 Mann-Kendall 秩相关检验法和复 Morlet 小波法,对研究区域各监测站流量的趋势和周期进行分析,通过 IHA-RVA 法对各监测站的流量、水位及流速改变程度进行分析。同时,对研究区域的水环境及温度场变化趋势及周期变化进行分析。主要得到以下结论:

　　(1)归阳站 4 月月均流量呈明显下降趋势,6 月月均流量呈明显上升趋势;衡阳站 1 月月均流量呈明显上升趋势,4 月月均流量呈明显下降趋势。归阳水文站、衡阳水文站年均流量的主要周期大于 32 年。

　　(2)归阳水文站位于湘祁、近尾洲两梯级电站之间,地理位置更接近湘祁电站,更多受湘祁电站的影响,其生态水文情势改变度具有以下特征:①下游梯级蓄水对归阳站水文影响程度为 $D_{水位} > D_{流速} > D_{流量}$，水位发生高度改变；而上下游梯级联合运行对归阳站影响程度为 $D_{水位} > D_{流量} > D_{流速}$，上下游梯级联合运行加大流量、水位的改变程度，但减缓流速的改变程度；②归阳水文站的水位低脉冲特征已基本消失，高脉冲历时显著增加，次数减少；③两梯级联合运行对归阳站水位高脉冲历时增大的影响大于下游梯级单独运行；④两电站联合运行对归阳站流量的低脉冲历时和流速的高脉冲历时都引起 100% 的改变，且趋向不利。

（3）衡阳站位于大源渡枢纽库区中部，其生态水文情势改变具有以下特征：①库区中部流量 IHA 指标整体呈中度改变，改变度为 43%，流速 IHA 指标整体呈高度改变，改变度达到 81%；②流速第 1 组（月均值）指标发生高度改变；③第 2 组（年均极值）流量中度改变，流速高度改变；④第 3 组（年极值出现时间）发生高度改变；⑤流量、流速第 4 组（高、低脉冲的频率及历时）发生中度改变，流量的低脉冲历时和流速的高脉冲历时发生高度改变，不利于刺激家鱼产卵繁殖活动。

（4）产卵场中部松柏断面在 1995—2001 年出现 As 污染。产卵场地区 $BOD_5$、$NH_3\text{-}N$、$Cr^{6+}$ 呈明显上升趋势，Cd 呈明显减少趋势。产卵场中下游地区松柏和衡阳断面 $COD_{Mn}$ 呈减少趋势；归阳和衡阳断面 TP 呈上升趋势，产卵场中部松柏断面呈下降趋势；归阳断面 As 呈下降趋势。

（5）产卵场中部松柏断面年均水温呈递减趋势，递减趋势度为 0.02 ℃/a，根据 Mann-Kendall 秩相关检验，年均水温呈不显著下降趋势。水温在 16 年尺度内只有一个峰值是 14 年尺度，14 年左右的周期震荡最强。

# 4

# 产卵期生态水文及
# 环境变化特征

产卵期是鱼类生命周期最为关键的一个阶段,这个阶段不同于其他生命周期,对水力条件、水环境及温度场有着特定要求。湘江干流"四大家鱼"繁殖产卵期主要集中在 4—7 月,产卵期的水文特征、水环境及温度对家鱼产卵有着直接影响。第 3 章的研究成果是本章的研究基础,从第 3 章可以了解到研究区域整体的生态水文、水环境及水温等变化特征,并且得出对生态系统的整体影响。研究区域水文、水环境及水温的整体特征和生态系统的整体变化势必会影响家鱼产卵繁殖。而本章将研究时间范围集中在产卵期(4—7 月),可以得出影响家鱼产卵繁殖最为直接的因素。

## 4.1 研究鱼类物种关键期及关键指标选取

### 4.1.1 湘江干流"四大家鱼"产卵期确定

"四大家鱼"是一种半洄游性鱼类,在繁殖季节往往洄游一定的距离,到环境适宜的江段产卵,繁殖期一般会持续 2～3 个月。在这期间,亲鱼也并不是每时每刻都产卵,而是有时集中大量排卵,持续 2～5 日不等,有时完全停顿。根据易伯鲁等早期对长江"四大家鱼"产卵场的调查研究,以及 2003—2006 年段辛斌等[1,2]对长江中游家鱼产卵场的研究,共同得出 4—7 月是长江"四大家鱼"主要产卵期,且两个研究团队都认为该地区"四大家鱼"产卵时间主要集中在 6 月下旬至 7 月上旬。

对于湘江干流"四大家鱼"产卵期的确定,丁德明等[3]在 2008—2010 年对湘江流域鱼类资源进行了多次调查,并且结合历年捞苗时间进行分析。在 20 世纪 60—70 年代,湘江流域捞苗时间主要集中在 4 月下旬至 5 月上旬;而 20 世纪 90 年代到 2010 年左右,捞苗时间主要集中在 6 月份,其中最早为 1994 年于 5 月捞苗,最晚为 1996 年和 2003 年于 7 月捞苗,间接说明湘江"四大家鱼"产卵时间推迟了 1 个月左右。因此,本书将 4—7 月作为湘江干流"四大家鱼"产卵期,从 4 月份左右第一次波峰出现开始分析。

### 4.1.2 产卵期关键影响指标确定

青鱼于 4—7 月,在干流流速较高的产卵场产卵,一般的江水上涨就能刺激产卵。当温度为 18～30℃时,青鱼胚胎发育;温度低于 17℃或高于 30℃时,青鱼胚胎发育停滞或引起畸形。当水温达到 21～24℃后约 35 h 孵出仔鱼。

草鱼喜欢在河流汇合口、弯曲河道一侧的深槽或两岸突然收紧的江段产卵。

产卵期为 4—7 月,集中在 5 月产卵。

当江水上涨且猛,水温稳定在 18℃ 左右时,青鱼开始规模产卵。在溯游过程中如遇到适宜产卵的水文条件刺激时,即进行产卵。其卵在 20℃ 左右发育最佳,大约 30~40 小时孵出鱼苗。

鲢鱼于 4—6 月,在水温能稳定在 18℃ 以上,江水上涨迅猛、流速加剧,有明显泡漩水的水域产卵。产卵后的亲鱼往往会进入饵料丰盛的湖泊中摄食肥育,而孵化的幼鱼会游入河湾或湖泊中觅食。

鳙鱼于 5—7 月,当水温能稳定在 20~27℃ 时,在有急流泡漩水的水域开始产卵。孵化后的幼鱼会到河流连通的湖泊中肥育,到性成熟时期至江中繁殖。

"四大家鱼"均属于半洄游性鱼类,亲鱼产卵所需要的主要外界条件或者关键影响指标如下。

(1)流速和涨水条件

流速对家鱼鱼卵以及刚孵出鱼苗的成活至关重要。但在自然界中流量和水位的变化可以直接反映流速的变化,且流量和水位比流速可以更为直观地被监测到,因此众多学者通过对流量和水位的变化进行分析来寻找家鱼产卵的特征。一个鱼群相对稳定的产卵场,产卵规模一般与涨水幅度和持续时间呈正相关,即洪峰大、产卵规模大,洪峰小、产卵规模小。

(2)水温

水温能稳定在 20~24℃ 时,最能刺激家鱼产卵,水温在 27~28℃ 时家鱼还可以产卵,但水温低于 18℃ 时家鱼停止产卵。

## 4.2 产卵期生态水文情势变化

### 4.2.1 数据收集

根据衡阳水文站和归阳水文站逐日流量、水位及流速资料,提取"四大家鱼"产卵期(4—7 月)的水文数据,进行家鱼产卵期特定时期的水文情势分析。

对产卵场中游松柏断面的水文数据进行推求:

松柏断面为水质监测断面,没有实时水文监测数据,通过公式(4-1)至公式(4-4)进行日流量过程推求:

$$Q_{归阳—衡阳} = Q_{衡阳} - Q_{归阳} - Q_{蒸水} - Q_{耒水} - Q_{舂陵水} \tag{4-1}$$

$$Q_{归阳—松柏} = \frac{F_{归阳—松柏}}{F_{归阳—衡阳}} \cdot Q_{归阳—衡阳} \tag{4-2}$$

$$Q_{松柏} = Q_{归阳} + Q_{归阳—松柏} \tag{4-3}$$

$$Q_{松柏日流量} = Q_{归阳日流量} \cdot \frac{Q_{松柏}}{Q_{归阳}} \tag{4-4}$$

式中：$F_{归阳—松柏}$ 为归阳至松柏区间集雨面积；$F_{归阳—衡阳}$ 为归阳至衡阳区间集雨面积。通过对松柏断面天然状况和土谷塘电站蓄水后水位-流量关系曲线内插得到松柏断面逐日水位过程。

## 4.2.2 产卵期水文特征

### 4.2.2.1 产卵期流量脉冲特征

众多学者在人类对水资源的开发利用需求与河流生态环境需求之间寻找平衡，相应的河流内流量(Instream Flow)和环境流量(Environmental Flow)的概念相继提出。

在美国，河流内流量是指用于河流规划或管理的河流流量，通常定义为能够满足特殊需求或河流管理目标的流量。在澳大利亚和南非等地，该术语同样表述为环境流量。环境流量问题的本质是在社会经济用水需求与生态系统用水需求之间寻求平衡和妥协。Dyson 等[4]认为在用水矛盾较为突出，但水量可以调度的河流、沿海地区甚至是湿地，为维持其生态系统正常运作及相应功能的水量即为环境流量。在这个定义中，明确环境流量的目标是维持生态系统的正常功能。Nancy 等[5]提出环境流量是指能让沿岸及水体生物维持在健康状态下的河流内流量，与人在不损害河流整体健康的前提下所需流量的和。环境流量中各组水流组分对生态系统的意义见表4-1。

表4-1 水流组分对河流生态系统的意义[6]

Tab. 4-1 The significance of flow components to river ecosystem

| 水流组分 | 河流栖息地响应 | 生态影响 |
|---|---|---|
| 低流量过程 | 流速缓慢，水流在主河槽流动，水位较低 | 11月—次年3月，保证河道维持基流，使河流具有连续性；为越冬的水生生物提供基本的栖息、觅食空间；4—7月，保证鱼卵漂浮在水面得以存活，为鱼类提供洄游通道 |
| 高流量过程 | 流速增加，水位、河宽增加，泥沙输移增加 | 鱼类繁殖生长和植被生长的关键时期；4—7月刺激鱼类产卵繁殖；扩展水生生物栖息地的面积和食物来源 |

| 水流组分 | 河流栖息地响应 | 生态影响 |
|---|---|---|
| 洪水脉冲过程 | 洪水脉冲过程来流会溢出主河道,连通了滩区与主河道 | 使主河道与河漫滩之间的物质进行循环,能量进行交换,为鱼类提供繁殖场所,并提供更充足的食物来源。形成河道-滩地系统,该动态连通系统具有高度的空间异质性 |

目前,国内外环境流量的研究方法大致分为 4 类:水文学法、水力学法、栖息地法和整体分析法。

本书环境水流组分的划分方法采用刘晓燕等[7]在《黄河环境流研究》中提出的划分方法,具体为:将流量由小到大排列,小于等于 50% 的流量归为低流量过程,大于 67% 的流量归为高流量过程;流量在 50%～67% 之间时,如果当天流量比前一天流量增加 20% 则认为高流量开始,若后一天流量比当天流量减少 10% 则认为高流量结束,高流量以外的被认为是低流量;高流量中大于平滩流量的水文过程归为洪水脉冲过程。用该方法得出归阳水文站(研究区域上游断面)1961—2017 年的水流组分为:$Q_{低流量} \leqslant 461 \ \mathrm{m^3/s}$;$764 \ \mathrm{m^3/s} \leqslant Q_{高流量} \leqslant 7\ 530 \ \mathrm{m^3/s}$;$Q_{洪水脉冲} > 7\ 530 \ \mathrm{m^3/s}$。1961—2017 年归阳站的流量脉冲过程见图 4-1(a)～(m)。统计形成表 4-2。

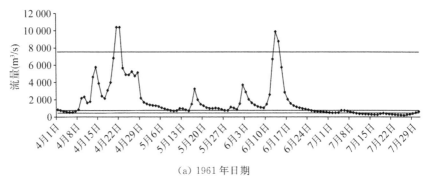

(a) 1961 年日期

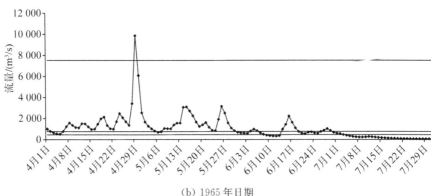

(b) 1965 年日期

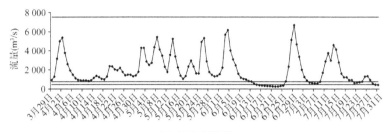

(c) 1970 年日期

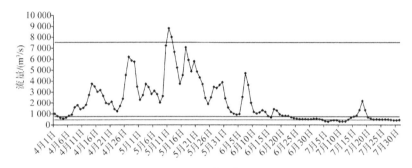

(d) 1975 年日期

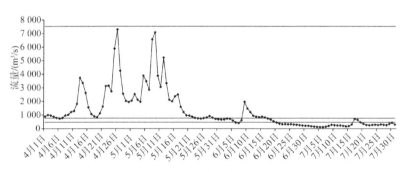

(e) 1980 年日期

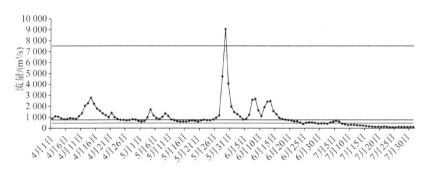

(f) 1985 年日期

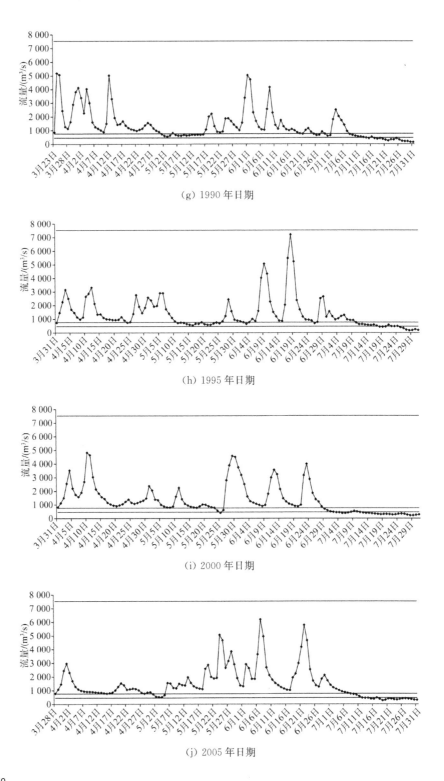

(g) 1990 年日期

(h) 1995 年日期

(i) 2000 年日期

(j) 2005 年日期

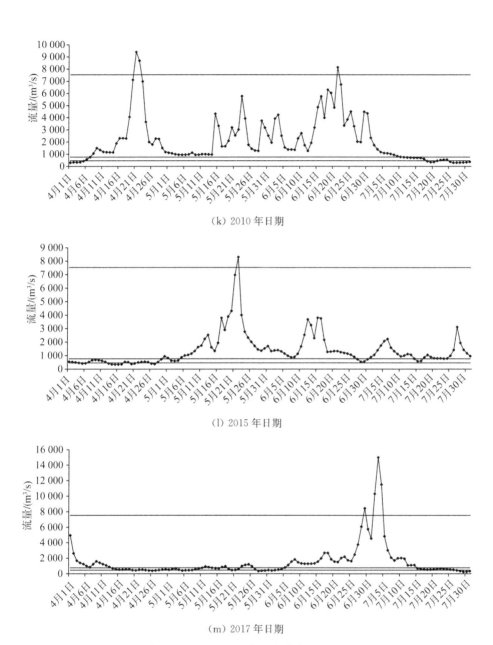

（k）2010 年日期

（l）2015 年日期

（m）2017 年日期

图 4-1　归阳站 1961—2017 年家鱼产卵期流量脉冲过程

Fig. 4-1　Flow pulse process during spawning period of domestic fish in

Guiyang Station from 1961 to 2017

余文公[8]在统计长江干流宜昌水文站洪水脉冲特征时,认为该区域涨水形式有两种:一种为先发生小洪水脉冲,峰量逐步增大,最后发生洪水脉冲,并称之为"从小到大型";另一种是在汛前汛后发生较小洪水脉冲,而汛期中期发生较大的洪水脉冲,这种涨水形式被称为"小大小型"。

本书通过分析总结湘江干流低流量、高流量脉冲及洪水脉冲特征形式,认为余文公这种分类方法相对简单。因此,笔者在总结湘江干流脉冲形式的基础上,将该地区流量脉冲分为以下几类:①小大型,先有较小流量的脉冲,其后紧跟大流量脉冲的组合形式;②大小型,先有大流量的脉冲,其后紧跟小流量脉冲的组合形式;③小大小型,也可以称为"山"字型,先有小流量脉冲,后紧跟大流量脉冲,其后紧跟小流量脉冲;④密集型,由连续几个流量相近、连续时间紧密的流量脉冲组成。示意图见图 4-2。

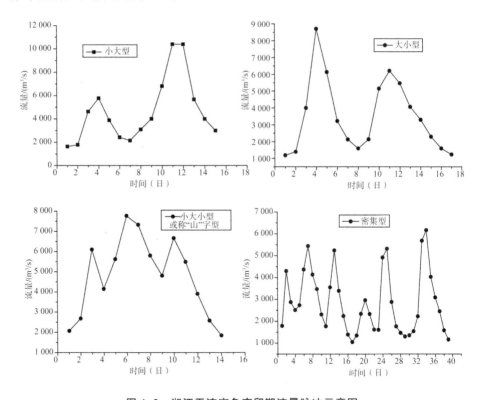

图 4-2　湘江干流家鱼产卵期流量脉冲示意图

**Fig. 4-2　Flow pulse chart in the main stream of Xiangjiang River during spawning period of domestic fish**

表 4-2 家鱼产卵期湘江干流产卵场流量脉冲统计表

Tab. 4-2 Statistical table of flow pulse of spawning ground in main stream of Xiangjiang River during spawning period of domestic fish

| 年份 | 脉冲次数/次 | 低流量脉冲次数/次 | 高流量脉冲次数/次 | 洪水脉冲次数/次 | 低流量时间/天 | 低流量时间占比/% | 高流量时间/天 | 高流量时间占比/% | 洪水维持时间/天 | 洪水时间占比/% | 最大流量/(m³/s) | 最小流量/(m³/s) | 上升率/% | 下降率/% | 脉冲开始时间/(月/日) | 脉冲波形 |
|---|---|---|---|---|---|---|---|---|---|---|---|---|---|---|---|---|
| 1961 | 8 | — | 6 | 2 | 20 | 16.4 | 73 | 59.8 | 4 | 3.3 | 10 400 | 197 | 856.17 | 376.98 | 4/6 | 小大型 |
| 1962 | 13 | — | 12 | 1 | 18 | 14.8 | 87 | 71.3 | 1 | 0.8 | 7 770 | 235 | 564 | 335.05 | 4/7 | "山"字型,小大型 |
| 1963 | 7 | 2 | 5 | — | 74 | 61.0 | 28 | 23.0 | — | — | 3 340 | 118 | 228.23 | 90.38 | 4/19 | 大小型 |
| 1964 | 10 | — | 9 | 1 | 30 | 24.6 | 70 | 57.4 | 1 | 0.8 | 7 770 | 139 | 724.36 | 376.21 | 4/1 | 小大、大小大型 |
| 1965 | 11 | — | 10 | 1 | 33 | 27.0 | 66 | 54.1 | 1 | 0.8 | 9 870 | 72 | 532.78 | 274.76 | 4/5 | "山"字型 |
| 1966 | 14 | 1 | 13 | — | 28 | 23.0 | 76 | 62.3 | — | — | 4 190 | 226 | 344.51 | 231.13 | 4/2 | 小大、大小大型 |
| 1967 | 15 | 2 | 13 | — | 50 | 41.0 | 65 | 53.0 | — | — | 4 300 | 146 | 408.33 | 247.15 | 3/31 | 密集型 |
| 1968 | 12 | — | 9 | 3 | 12 | 9.8 | 86 | 70.5 | 5 | 4.1 | 10 600 | 281 | 1 073.27 | 572.78 | 4/1 | "山"字型,小大型 |
| 1969 | 13 | 3 | 10 | — | 40 | 32.8 | 40 | 32.8 | — | — | 3 670 | 181 | 249.18 | 154.57 | 4/21 | 小大、大小大型 |
| 1970 | 14 | — | 14 | — | 13 | 10.4 | 102 | 81.6 | — | — | 6 680 | 252 | 803.67 | 535.41 | 3/29 | 密集型 |
| 1971 | 11 | 1 | 10 | — | 38 | 31.0 | 57 | 46.7 | — | — | 5 830 | 227 | 391.66 | 279.34 | 4/6 | 密集型 |
| 1972 | 16 | 2 | 13 | 1 | 39 | 32.0 | 65 | 53.3 | 1 | 0.8 | 8 650 | 137 | 669.61 | 393.15 | 4/6 | "山"字型,大小型 |
| 1973 | 21 | 2 | 19 | — | — | — | 102 | 82.9 | — | — | 5 130 | 470 | 586.76 | 454.56 | 3/31 | 密集型 |
| 1974 | 15 | 2 | 13 | — | 23 | 18.9 | 63 | 51.6 | — | — | 6 620 | 221 | 547.21 | 317.38 | 4/14 | "山"字型 |
| 1975 | 12 | — | 11 | 1 | 12 | 9.8 | 84 | 68.9 | 2 | 1.6 | 8 830 | 294 | 626.5 | 459.74 | 4/5 | 大小、大小大型 |

续表

| 年份 | 脉冲次数/次 | 低流量脉冲次数/次 | 高流量脉冲次数/次 | 洪水脉冲次数/次 | 低流量时间/天 | 低流量时间占比/% | 高流量时间/天 | 高流量时间占比/% | 洪水维持时间/天 | 洪水时间占比/% | 最大流量/(m³/s) | 最小流量/(m³/s) | 上升率/% | 下降率/% | 脉冲开始时间/(月/日) | 脉冲波形 |
|---|---|---|---|---|---|---|---|---|---|---|---|---|---|---|---|---|
| 1976 | 12 | — | 9 | 3 | 3 | 2.5 | 93 | 76.2 | 6 | 4.9 | 13 200 | 382 | 979.25 | 564.71 | 4/1 | 小大大小型 |
| 1977 | 13 | — | 12 | 1 | 6 | 4.9 | 90 | 73.8 | — | — | 7 510 | 172 | 610.3 | 442.09 | 4/7 | 密集型 |
| 1978 | 12 | — | 11 | 1 | 24 | 19.7 | 75 | 61.5 | 4 | 3.3 | 12 100 | 230 | 832.69 | 404.87 | 4/9 | "山"字型 |
| 1979 | 12 | — | 12 | — | 17 | 13.9 | 81 | 66.4 | — | — | 6 410 | 274 | 532.02 | 373.03 | 4/17 | 小大小大大小型 |
| 1980 | 8 | 1 | 7 | — | 42 | 34.0 | 64 | 52.4 | — | — | 7 300 | 106 | 518.35 | 296.99 | 4/7 | 小大,"山"字型 |
| 1981 | 16 | — | 16 | — | 10 | 7.9 | 86 | 67.7 | — | — | 7 140 | 292 | 718.5 | 430.32 | 3/27 | 小大小大型 |
| 1982 | 14 | — | 14 | — | 20 | 16.4 | 83 | 68.0 | — | — | 7 400 | 129 | 482.13 | 332.3 | 3/29 | 小大大小型 |
| 1983 | 14 | 2 | 12 | 1 | 20 | 16.4 | 79 | 65.0 | 2 | 1.6 | 6 660 | 172 | 480.64 | 318.56 | 4/2 | 大小大小小大型 |
| 1984 | 12 | 1 | 10 | 1 | 25 | 20.0 | 78 | 64.0 | 1 | 1 | 9 120 | 163 | 520.89 | 322.65 | 4/3 | 大小大大型 |
| 1985 | 9 | 1 | 7 | 1 | 30 | 24.6 | 60 | 49.0 | 1 | — | 9 050 | 87.5 | 364.99 | 240.45 | 4/1 | 大小大小型 |
| 1986 | 12 | — | 12 | — | 9 | 7.0 | 88 | 71.5 | — | — | 5 780 | 294 | 454.17 | 288.54 | 3/31 | 小大小大型 |
| 1987 | 14 | — | 14 | — | 7 | 5.5 | 86 | 68.0 | — | — | 3 370 | 388 | 350.96 | 247.9 | 4/1 | 密集型 |
| 1988 | 10 | 1 | 9 | — | 19 | 15.6 | 68 | 55.7 | — | — | 5 210 | 254 | 322.58 | 201 | 3/23 | 大小大大型 |
| 1989 | 12 | — | 12 | — | 11 | 9.0 | 78 | 64.0 | — | — | 5 780 | 162 | 559.64 | 324.38 | 4/2 | 密集型 |
| 1990 | 13 | — | 13 | — | 16 | 12.0 | 85 | 65.0 | — | — | 5 190 | 139 | 603.48 | 339.11 | 3/22 | 密集型,密集型 |
| 1991 | 9 | 2 | 7 | — | 34 | 27.0 | 56 | 44.1 | — | — | 2 700 | 101 | 219.25 | 125.42 | 3/27 | 大小型 |

续表

| 年份 | 脉冲次数/次 | 低流量脉冲次数/次 | 高流量脉冲次数/次 | 洪水脉冲次数/次 | 低流量时间/天 | 低流量时间占比/% | 高流量时间/天 | 高流量时间占比/% | 洪水维持时间/天 | 洪水时间占比/% | 最大流量/(m³/s) | 最小流量/(m³/s) | 上升率/% | 下降率/% | 脉冲开始时间/(月/日) | 脉冲波形 |
|---|---|---|---|---|---|---|---|---|---|---|---|---|---|---|---|---|
| 1992 | 17 | — | 17 | — | 8 | 5.8 | 122 | 89.0 | — | — | 7 420 | 258 | 628.89 | 406.25 | 3/17 | 密集型 |
| 1993 | 17 | — | 17 | — | 2 | 1.6 | 99 | 81.0 | — | — | 7 380 | 426 | 812.19 | 520.45 | 3/29 | 密集型 |
| 1994 | 8 | — | 5 | 3 | — | — | 114 | 93.0 | 6 | 4.9 | 10 800 | 683 | 851.17 | 535.37 | 3/28 | 大小,小大,大小型 |
| 1995 | 11 | — | 11 | — | 10 | 8.2 | 83 | 67.0 | — | — | 7 210 | 166 | 515.98 | 363.78 | 3/31 | "山"字型 |
| 1996 | 17 | — | 17 | — | 1 | 0.8 | 103 | 80.0 | — | — | 4 680 | 456 | 564.76 | 376.32 | 3/26 | 密集型 |
| 1997 | 16 | — | 16 | — | 5 | 4.0 | 115 | 90.0 | — | — | 6 240 | 533 | 578.74 | 381.7 | 3/26 | 密集型 |
| 1998 | 14 | — | 12 | 2 | 5 | 4.0 | 98 | 80.0 | 3 | 2 | 7 940 | 256 | 599.34 | 354.15 | 3/27 | 小大,大小大,小大大型 |
| 1999 | 11 | 3 | 7 | 1 | 22 | 18.0 | 79 | 65.0 | 1 | 0.8 | 8 670 | 50 | 570.56 | 327.28 | 4/21 | 小大,大小大,小大大型 |
| 2000 | 8 | — | 8 | 1 | 27 | 22.0 | 87 | 71.0 | — | — | 4 820 | 217 | 469.69 | 256.42 | 3/31 | "山"字型 |
| 2001 | 13 | — | 13 | — | 1 | 0.8 | 110 | 90.0 | — | — | 7 150 | 442 | 485.94 | 320.95 | 4/3 | 密集型 |
| 2002 | 12 | — | 10 | 2 | 4 | 3.2 | 100 | 82.0 | 3 | 2 | 8 580 | 321 | 709.24 | 587.29 | 4/11 | "山"字型 |
| 2003 | 7 | — | 6 | 1 | 17 | 14.0 | 95 | 78.0 | 1 | 0.8 | 10 600 | 114 | 614.7 | 371.49 | 4/9 | 大小大,大小型 |
| 2004 | 10 | — | 10 | — | 2 | 1.6 | 87 | 71.0 | — | — | 6 010 | 439 | 458.51 | 288.05 | 4/9 | 小大大,"山"字型 |
| 2005 | 13 | 1 | 12 | — | 19 | 15.0 | 97 | 77.0 | — | — | 6 200 | 262 | 577.35 | 283.93 | 3/28 | 密集型 |
| 2006 | 11 | — | 10 | 1 | 4 | 3.3 | 100 | 82.0 | 2 | 1.6 | 8 540 | 336 | 664.98 | 375.16 | 4/9 | 密集型 |
| 2007 | 4 | — | 3 | 1 | 36 | 30.0 | 38 | 31.0 | 1 | 0.8 | 10 300 | 279 | 357.61 | 225.63 | 4/29 | 大小型 |

续表

| 年份 | 脉冲次数/次 | 低流量脉冲次数/次 | 高流量脉冲次数/次 | 洪水脉冲次数/次 | 低流量时间/天 | 低流量时间占比/% | 高流量时间/天 | 高流量时间占比/% | 洪水维持时间/天 | 洪水时间占比/% | 最大流量/(m³/s) | 最小流量/(m³/s) | 上升率/% | 下降率/% | 脉冲开始时间/(月/日) | 脉冲波形 |
|---|---|---|---|---|---|---|---|---|---|---|---|---|---|---|---|---|
| 2008 | 6 | — | 5 | 1 | 10 | 8.0 | 85 | 70.0 | 2 | 1.6 | 11 000 | 373 | 316.5 | 249.91 | 4/22 | 小大型 |
| 2009 | 12 | — | 12 | — | 19 | 15.0 | 97 | 77.0 | — | — | 6 200 | 262 | 577.35 | 283.93 | 3/28 | 密集型 |
| 2010 | 15 | 1 | 12 | 2 | 16 | 13.0 | 94 | 77.0 | 3 | 2 | 9 410 | 296 | 802.63 | 549.33 | 4/7 | 密集型 |
| 2011 | 7 | — | 7 | — | 37 | 30.0 | 49 | 40.0 | — | — | 2 950 | 227 | 161.83 | 131.65 | 5/8 | "山"字型 |
| 2012 | 13 | — | 13 | — | 3 | 2.4 | 111 | 88.0 | — | — | 4 510 | 282 | 416.84 | 246.94 | 3/28 | 密集型 |
| 2013 | 12 | — | 12 | — | 28 | 21.0 | 93 | 71.0 | — | — | 6 710 | 249 | 619.37 | 410.95 | 3/23 | 密集型 |
| 2014 | 13 | — | 13 | — | 6 | 4.8 | 108 | 87.1 | — | — | 5 520 | 342 | 424.18 | 249 | 3/30 | 小大大小大型 |
| 2015 | 13 | 3 | 9 | 1 | 12 | 10.0 | 84 | 69.0 | 1 | 0.8 | 8 310 | 346 | 352.78 | 323.34 | 5/5 | 小大型 |
| 2016 | 14 | 2 | 12 | — | 19 | 15.6 | 89 | 73.0 | — | — | 6 100 | 193 | 504.88 | 402.48 | 3/30 | 密集型 |
| 2017 | 8 | — | 6 | 2 | 18 | 15.0 | 61 | 50.0 | 4 | 3 | 15 000 | 240 | 404.67 | 481.23 | 3/28 | 小大型 |

### 4.2.2.2 基于 RVA 法的产卵期生态水文变化

基于 IHA 指标基础上的 RVA 法可以定量分析各 IHA 水文指标的改变度，因此本文结合 RVA 法对四大家鱼产卵期(4—7 月)下的归阳站、衡阳站水文指标改变度进行定量分析。将范围缩小至 4—7 月内分析其 IHA 指标变化，如最大、最小值及其出现时间、高低脉冲历时及次数，这与用 RVA 法分析全年范围的 IHA 指标变化的不同之处在于，更为针对对家鱼产卵繁殖生命过程的影响。

（1）归阳站产卵期基于 RVA 生态水文变化

归阳站位于近尾洲库区尾部，湘祁电站下游 5.86 km 处，其生态水文变化受到近尾洲电站与湘祁电站的联合影响。

表 4-3　近尾洲水电站蓄水前后生态水文指标统计表(第 1、2 阶段)

Tab. 4-3　Statistical table of eco-hydrological indexes before and after impoundment of the near Wake Island Hydropower Station(The 1st、2nd stage)

| IHA 指标 | 流量 | | | 水位 | | | 流速 | | |
|---|---|---|---|---|---|---|---|---|---|
| | 蓄水前 | 蓄水后 | 改变度(%) | 蓄水前 | 蓄水后 | 改变度(%) | 蓄水前 | 蓄水后 | 改变度(%) |
| 4 月份均值 | 1 525 | 1 027 | 60.32 | 66.71 | 66.86 | 19.03 | 1.12 | 0.74 | 85.86 |
| 5 月份均值 | 1 763 | 1 643 | 9.333 | 66.93 | 67.42 | 18 | 1.19 | 0.98 | 29.31 |
| 6 月份均值 | 1 547 | 2 145 | 43.45 | 66.96 | 67.76 | 56.07 | 1.10 | 1.12 | 8.89 |
| 7 月份均值 | 918.8 | 949.5 | 13.1 | 65.97 | 66.87 | 18 | 0.82 | 0.64 | 28.7 |
| 1 日最小值 | 244.6 | 290.9 | 31.79 | 65.11 | 66.07 | 86.33 | 0.46 | 0.31 | 43.45 |
| 3 日最小值 | 266.4 | 318.5 | 13.1 | 65.15 | 66.12 | 84.23 | 0.48 | 0.33 | 41.43 |
| 7 日最小值 | 308.9 | 359.5 | 15.31 | 65.23 | 66.2 | 85.36 | 0.52 | 0.37 | 39.26 |
| 30 日最小值 | 664.5 | 643.4 | 51.85 | 65.73 | 66.52 | 85.86 | 0.74 | 0.55 | 24.07 |
| 90 日最小值 | 1 358 | 1 481 | 26.15 | 66.48 | 67.24 | 82.92 | 1.02 | 0.88 | 10.87 |
| 1 日最大值 | 7 064 | 7 979 | 12.14 | 70.99 | 72.27 | 57.59 | 2.09 | 2.22 | 20.65 |
| 3 日最大值 | 5 828 | 6 458 | 26.79 | 70.14 | 71.21 | 26.79 | 1.94 | 1.99 | 8.89 |
| 7 日最大值 | 4 236 | 4 542 | 8.89 | 68.97 | 69.8 | 15.17 | 1.71 | 1.67 | 5.39 |
| 30 日最大值 | 2 461 | 2 549 | 2.5 | 67.55 | 68.13 | 33.87 | 1.38 | 1.23 | 31.67 |
| 90 日最大值 | 1 696 | 1 726 | 17.14 | 66.86 | 67.48 | 39.26 | 1.16 | 0.98 | 57.59 |
| 基流指数 | 0.21 | 0.26 | 8.89 | 0.98 | 0.98 | 36.92 | 0.49 | 0.43 | 12.14 |

续表

| IHA 指标 | 流量 | | | 水位 | | | 流速 | | |
|---|---|---|---|---|---|---|---|---|---|
| | 蓄水前 | 蓄水后 | 改变度(%) | 蓄水前 | 蓄水后 | 改变度(%) | 蓄水前 | 蓄水后 | 改变度(%) |
| 最小值出现时间 | 195.2 | 183.9 | 5.39 | 195.2 | 174.4 | 5.39 | 193.3 | 194.2 | 36.92 |
| 最大值出现时间 | 151.5 | 155.4 | 14.8 | 150.2 | 158.3 | 1.6 | 151.8 | 158.6 | 19.58 |
| 低脉冲次数 | 0 | — | — | 1.76 | 0.1 | 84.81 | 2.32 | 3.9 | 26.79 |
| 低脉冲历时 | — | — | — | 10.73 | 1 | 100 | 13.19 | 53.37 | 29.31 |
| 高脉冲次数 | 4.75 | 5.3 | 56.07 | 5.12 | 5.5 | 31.67 | 5.73 | 4.8 | 24.07 |
| 高脉冲历时 | 2.76 | 2.561 | 1.0 | 3.03 | 4.15 | 10.31 | 3.39 | 2.57 | 2.5 |
| 上升率 | 554.8 | 524.7 | 15.17 | 0.50 | 0.43 | 1.03 | 0.15 | 0.143 | 26.79 |
| 下降率 | −344.7 | −334.6 | 18 | −0.31 | −0.3 | 47.1 | −0.1 | −0.11 | 41.43 |
| 逆转次数 | 38.32 | 35 | 1.0 | 38.22 | 45.9 | 41.43 | 38.46 | 41.2 | 13.1 |

由 3.1.2.1 节可得归阳站 4 月月均流量呈下降趋势,通过表 4-3 RVA 分析结果同样得出归阳站 4 月流量发生中度改变,月均流量减少,改变度为60.32%;4 月月均流速减小,改变度为 85.86%。

因为归阳站位于近尾洲库尾,近尾洲电站蓄水后,归阳站水位改变度并不大,只有 6 月月均水位发生中度改变,4、5、7 月月均水位为低度改变。而近尾洲和湘祁电站联合调度使得归阳水文站水位明显抬高,5、6 月月均水位发生 100%变异(表 4-4)。

**表 4-4 两梯级电站联合运行与天然状况下生态水文指标统计表(第 1、3 阶段)**
**Tab. 4-4 Statistical table of eco-hydrological indexes under natural condition and after joint operation of two cascade power stations(The 1st、3rd stage)**

| IHA 指标 | 流量 | | | 水位 | | | 流速 | | |
|---|---|---|---|---|---|---|---|---|---|
| | 天然 | 蓄水后 | 改变度(%) | 天然 | 蓄水后 | 改变度(%) | 天然 | 蓄水后 | 改变度(%) |
| 4 月份均值 | 1 525 | 1 323 | 0.806 5 | 66.72 | 68.88 | 66.94 | 1.12 | 0.66 | 29.31 |
| 5 月份均值 | 1 763 | 2 140 | 2.5 | 66.93 | 69.69 | 100 | 1.19 | 0.90 | 29.31 |
| 6 月份均值 | 1 547 | 1 646 | 41.38 | 66.70 | 69.2 | 100 | 1.10 | 0.79 | 13.89 |
| 7 月份均值 | 918.8 | 854.1 | 41.38 | 65.97 | 68.53 | 59 | 0.82 | 0.51 | 10.87 |
| 1 日最小值 | 244.6 | 304.8 | 46.43 | 65.11 | 68.09 | 100 | 0.46 | 0.22 | 100 |

| IHA 指标 | 流量 | | | 水位 | | | 流速 | | |
|---|---|---|---|---|---|---|---|---|---|
| | 天然 | 蓄水后 | 改变度（%） | 天然 | 蓄水后 | 改变度（%） | 天然 | 蓄水后 | 改变度（%） |
| 3 日最小值 | 266.4 | 326.5 | 41.38 | 65.16 | 68.12 | 100 | 0.48 | 0.24 | 100 |
| 7 日最小值 | 308.9 | 392.9 | 28.13 | 65.24 | 68.16 | 100 | 0.52 | 0.29 | 24.07 |
| 30 日最小值 | 664.5 | 667 | 51.85 | 65.73 | 68.3 | 100 | 0.73 | 0.41 | 62.04 |
| 90 日最小值 | 1 358 | 1 479 | 57.69 | 66.49 | 69.07 | 100 | 1.02 | 0.69 | 100 |
| 1 日最大值 | 7 064 | 6 263 | 9.82 | 70.99 | 72.91 | 29.31 | 2.09 | 1.80 | 100 |
| 3 日最大值 | 5 828 | 4 775 | 26.79 | 70.15 | 71.94 | 9.8 | 1.94 | 1.43 | 62.04 |
| 7 日最大值 | 4 236 | 3 578 | 13.89 | 68.97 | 71.08 | 29.31 | 1.71 | 1.21 | 60.58 |
| 30 日最大值 | 2 461 | 2 407 | 28.13 | 67.55 | 69.94 | 100 | 1.38 | 0.98 | 65.83 |
| 90 日最大值 | 1 696 | 1 780 | 46.43 | 66.86 | 69.34 | 100 | 1.16 | 0.82 | 100 |
| 基流指数 | 0.21 | 0.27 | 13.89 | 0.98 | 0.99 | 60.58 | 0.49 | 0.39 | 26.79 |
| 最小值出现时间 | 195.2 | 180.8 | 21.15 | 195.2 | 155.5 | 21.15 | 193.3 | 181.8 | 21.15 |
| 最大值出现时间 | 151.5 | 136.3 | 23 | 150.2 | 136.8 | 23 | 151.8 | 126 | 14.58 |
| 低脉冲次数 | — | — | — | 1.76 | — | 100 | 2.32 | 4.25 | 63.39 |
| 低脉冲历时 | — | — | — | 10.73 | — | 100 | 13.19 | 39.29 | 6.03 |
| 高脉冲次数 | 4.76 | 5.5 | 9.8 | 5.12 | 5.25 | 31.67 | 5.73 | 3.25 | 24.07 |
| 高脉冲历时 | 2.76 | 2.37 | 6.0 | 3.03 | 4.40 | 35.94 | 3.39 | 1.5 | 100 |
| 上升率 | 554.8 | 458 | 6.0 | 0.50 | 0.38 | 29.31 | 0.15 | 0.13 | 63.39 |
| 下降率 | −344.7 | −308 | 36.67 | −0.31 | −0.29 | 33.87 | −0.10 | −0.10 | 26.79 |
| 逆转次数 | 38.32 | 33.75 | 41.38 | 38.22 | 46 | 63.39 | 38.46 | 45.25 | 29.31 |

结合表 4-3、表 4-4，分析家鱼产卵期水文指标的高低脉冲变化。

归阳水文站低脉冲变化：近尾洲电站单独运行下，水位的低脉冲次数和低脉冲历时都发生高度改变，次数由 1.76 降低为 0.1，历时由 10.73 天降低为 1 天。而当近尾洲和湘祁电站联合运行时，水位的低脉冲历时和次数都发生 100% 的变异，两梯级联合运行后低脉冲次数与历时都为 0，说明水位的低脉冲特征已基本消失。

归阳水文站高脉冲变化：近尾洲电站单独运行下，流量高脉冲次数发生中度改变，改变度为 56.07%。两梯级联合运行下，流速的高脉冲历时发生 100% 变异,历时由 3.39 天降为 1.5 天。

上升率、下降率及逆转次数变化:近尾洲电站单独运行下,水位下降率减少,发生中度改变,改变度为 47.1%;水位的逆转次数上升,发生中度改变,改变度为 41.43%;流速下降率降低,发生中度改变,改变度为 41.43%。两梯级联合运行时,流量的下降率减少,发生中度改变,改变度为 36.76%;流量的逆转次数减少,发生中度改变,改变度为 41.38%;水位的下降率减少,发生中度改变,改变度为 33.87%;水位逆转次数增加,发生中度改变,改变度为 63.39%。两梯级联合运行时,流量的逆转次数在减少,水位和流速的逆转次数在上升。

流速是刺激家鱼产卵的关键水力特征,4—7 月近尾洲电站单独运行及两梯级联合运行对归阳站流速变化特征及生态的影响有以下几点:

近尾洲电站单独运行下,4 月的月均流速下降,发生高度改变,流速由 1.12 m/s 降为 0.74 m/s,流速降低不利于"四大家鱼"鱼卵的悬浮、吸水饱胀过程。

两电站联合运行后,流速 1、3、90 日最小值发生 100% 变异,分别由 0.46 m/s、0.48 m/s 和 1.02 m/s 降为 0.22 m/s、0.24 m/s 和 0.69 m/s。流速最小值是维持"四大家鱼"鱼卵悬浮的基本条件。鱼卵孵化需要流速保持在 0.3 m/s 及以上,鱼苗不下沉的"腰点流速"不低于 0.2 m/s,梯级开发后流速 1、3 日最小值已低于孵化所适宜流速值。

流速 90 日最大值发生 100% 的变异,由天然情况下的 1.16 m/s 降为了 0.82 m/s,较高的流速是刺激家鱼产卵的有效流速,流速值越大刺激家鱼产卵时间越短,流速值越小则刺激家鱼产卵时间越长。

两梯级联合运行使流速的高脉冲历时发生 100% 改变,历时由 3.39 天降为 1.5 天,历时降低。4—7 月流速的高脉冲历时维持可以有效刺激家鱼产卵,历时缩短对家鱼产卵的有效刺激减少,不利于家鱼产卵。

同时,梯级开发使得流速逆转次数增加,频繁的逆转会对有些植物和生物生长产生较大的影响。

(2)衡阳站产卵期基于 RVA 生态水文变化

衡阳水文站生态水文变化受到大源渡电站蓄水的影响,从表 4-5 可知大源渡枢纽对衡阳水文站 4—7 月流速及生态的影响有以下几点:

大源渡枢纽蓄水后衡阳站 4—7 月份月均流速为高度改变,尤其 4、5 月改变度均达到 100%。月均流速分别减至 0.47 m/s、0.59 m/s、0.64 m/s、0.39 m/s,仍在鱼卵孵化需要流速范围内。但流速高度改变会对水生生物栖息地蓄水以及生物迁徙需求产生影响,并影响到水温、含氧量、光合作用。

4—7 月时间段内 1、3、7、30 及 90 日最小流速值均发生 100% 变异,流速由天然情况下的 0.46 m/s、0.48 m/s、0.51 m/s、0.67 m/s 和 0.89 m/s 降到了 0.18 m/s、0.19 m/s、0.21 m/s、0.31 m/s 和 0.51 m/s。1、3 日最小流速值已不满足鱼苗"腰点"所需流速值,会导致鱼苗下沉死亡。

30、90 日最大流速值发生高度改变,由天然情况下的 1.15 m/s、0.99 m/s 降至 0.77 m/s、0.60 m/s。流速下降,一方面需要刺激家鱼产卵的时间增长,不利于刺激家鱼产卵繁殖;另一方面不利于库区内泥沙及污染物的携带及冲刷,不利于处理河道沉积物,加大库区生态环境风险。

流速的低脉冲次数发生高度改变,是由于衡阳站位于大源渡枢纽库区中部,枢纽蓄水水位抬高,流速减缓,因此流速的低脉冲次数升高。

表 4-5 大源渡枢纽蓄水前后衡阳站生态水文指标统计表

Tab. 4-5 Statistical table of eco-hydrological indexes of Hengyang Station before and after impoundment of the Dayuandu Reservoir

| IHA 指标 | 流量 | | | 流速 | | |
|---|---|---|---|---|---|---|
| | 蓄水前 | 蓄水后 | 改变度(%) | 蓄水前 | 蓄水后 | 改变度(%) |
| 4 月份均值 | 2 528 | 1 869 | 21.6 | 0.97 | 0.47 | 100 |
| 5 月份均值 | 2 847 | 2 501 | 5.4 | 1.01 | 0.59 | 100 |
| 6 月份均值 | 2 576 | 2 815 | 26 | 0.94 | 0.64 | 75.66 |
| 7 月份均值 | 1 402 | 1 601 | 26 | 0.71 | 0.39 | 69.31 |
| 1 日最小值 | 426.4 | 649.6 | 39.28 | 0.46 | 0.18 | 100 |
| 3 日最小值 | 456.5 | 687.9 | 46.87 | 0.48 | 0.19 | 100 |
| 7 日最小值 | 521.8 | 768.9 | 26.47 | 0.51 | 0.21 | 100 |
| 30 日最小值 | 1 058 | 1 153 | 30.72 | 0.67 | 0.31 | 100 |
| 90 日最小值 | 2 216 | 2 162 | 30.72 | 0.89 | 0.51 | 100 |
| 1 日最大值 | 9 897 | 9 959 | 4.58 | 1.67 | 1.61 | 32.77 |
| 3 日最大值 | 8 694 | 8 595 | 13.29 | 1.57 | 1.48 | 7.56 |
| 7 日最大值 | 6 669 | 6 225 | 30.72 | 1.39 | 1.21 | 2.30 |
| 30 日最大值 | 4 038 | 3 487 | 26.05 | 1.15 | 0.77 | 91.6 |
| 90 日最大值 | 2 761 | 2 569 | 26.7 | 0.99 | 0.60 | 100 |
| 基流指数 | 0.22 | 0.36 | 30.28 | 0.55 | 0.41 | 54.75 |
| 最小值出现时间 | 199.4 | 169.6 | 56.43 | 198.8 | 177.9 | 51.32 |
| 最大值出现时间 | 147.9 | 153.4 | 8.59 | 150.9 | 153.2 | 4.58 |

| IHA 指标 | 流量 | | | 流速 | | |
|---|---|---|---|---|---|---|
| | 蓄水前 | 蓄水后 | 改变度（%） | 蓄水前 | 蓄水后 | 改变度（%） |
| 低脉冲次数 | 0.08 | 0.06 | 0.93 | 2.03 | 5.59 | 74.79 |
| 低脉冲历时 | 7 | 3 | 17.65 | 14.81 | 44.63 | 30.28 |
| 高脉冲次数 | 4.1 | 3.71 | 5.48 | 4.83 | 2.71 | 41.18 |
| 高脉冲历时 | 3.29 | 2.98 | 12.94 | 3.48 | 2.54 | 2.64 |
| 上升率 | 697.5 | 563.3 | 13.29 | 0.10 | 0.10 | 26.98 |
| 下降率 | −452.5 | −434.3 | 12.85 | −0.06 | −0.08 | 57.98 |
| 逆转次数 | 34.43 | 31.53 | 17.65 | 35.08 | 33.18 | 13.29 |

（3）产卵场水文特征趋势

由表 4-6 Mann-Kendall 趋势检验结果可以看出，整个产卵场 4 月流量呈下降趋势；5 月归阳和松柏的流量呈上升趋势；6 月归阳断面流量呈上升趋势，松柏断面呈下降趋势；7 月归阳和衡阳断面流量变化趋势不明显，松柏断面呈显著下降趋势。

由于归阳水文站位于近尾洲库区末端，衡阳水文站位于大源渡枢纽库区中部，水位相应抬高，所以两断面水位呈明显上升趋势。松柏断面位于近尾洲下游 30 km 处，且位于 2016 年建成蓄水的土谷塘电站库区，但因为 Mann-Kendall 趋势检验时间序列为 1961—2015 年，因此未考虑 2016 年建成的土谷塘电站蓄水影响，所以松柏断面除 5 月水位呈上升趋势，4、6、7 月水位均呈下降趋势。

由于位于电站库区，归阳断面和衡阳断面水位明显抬高，因此两断面的 4—7 月流速呈明显下降趋势。松柏断面 5 月流速呈明显下降趋势。

表4-6 生境特征指标Mann-Kendall秩相关检验法分析表

Tab. 4-6 The analysis of Mann-Kendall test about the physical habitat indicators

| 监测断面 | 生态水文要素 | 4月 | | | 5月 | | | 6月 | | | 7月 | | |
|---|---|---|---|---|---|---|---|---|---|---|---|---|---|
| | | Z | $\beta$ | 趋势 | Z | $\beta$ | 趋势 | Z | $\beta$ | 趋势 | Z | $\beta$ | 趋势 |
| 归阳 | 流量(m³/s) | -2.18 | -10.57 | ▼ | 0.37 | 2.04 | △ | 2.2 | 14.8 | ▲ | 1.44 | 5.21 | △ |
| | 水位(m) | 7.36 | 0.001 | ▲ | 12.6 | 0.003 | ▲ | 9.09 | 0.002 | ▲ | 10.7 | 0.002 | ▲ |
| | 流速(m/s) | -11.04 | -0.000 9 | ▼ | -4.35 | -0.000 3 | ▼ | -7.16 | -0.000 5 | ▼ | -7.24 | -0.001 | ▼ |
| 松柏 | 流量(m³/s) | -3.94 | -0.68 | ▼ | 2 | 0.42 | ▲ | -2 | -0.38 | ▼ | -5.68 | -0.74 | ▼ |
| | 水位(m) | -3.94 | -0.002 | ▼ | 2.01 | 0.001 | ▲ | -2 | -0.001 | ▼ | -5.68 | -0.003 | ▼ |
| | 流速(m/s) | 0.42 | 0.000 4 | △ | -2.18 | -0.000 1 | ▼ | 0.57 | -0.000 3 | △ | -1.21 | -0.000 2 | ▽ |
| 衡阳 | 流量(m³/s) | -2.37 | -15.79 | ▼ | -0.92 | -7.53 | ▽ | 0.81 | 6.8 | △ | 1.85 | 9.6 | △ |
| | 水位(m) | 20.01 | 0.008 | ▲ | 22.08 | 0.001 | ▲ | 16.7 | 0.01 | ▲ | 21.4 | 0.01 | ▲ |
| | 流速(m/s) | -15.6 | -0.001 | ▼ | -11.3 | -0.001 | ▼ | -12.18 | -0.001 | ▼ | -16.78 | -0.001 | ▼ |

注:▼显著下降;▽不显著下降;▲显著上升;△不显著上升

## 4.3 产卵期水环境变化

20 世纪 80 年代,陈锡涛[9,10]、唐家汉[11]对湘江污染对鱼类资源的影响进行了调查研究,针对常宁市松柏至柏坊产卵场地区的环境分析,提出由于该江段沿岸松柏镇工矿企业排放废水,对产卵场造成了严重影响。但此后,关于该区域水环境变化分析的研究成果较少。

### 4.3.1 产卵期水环境指标变化

#### 4.3.1.1 溶解氧变化特征

溶解氧是鱼类生活的必要条件之一,水体的溶解氧一般与来流的水温和水质有关,来流水温越高,水质越差,溶解氧的浓度就会越低[12]。当溶解氧在 1 mg/L 以下时,多数鱼类会窒息而死,溶解氧在 1~3 mg/L 范围时,溶解氧浓度和鱼类生长呈正相关,如果溶解氧长时间过高,同样会对鱼类带来危害。

4 月溶解氧浓度年际变化如图 4-3 所示,归阳断面和松柏断面在 1995 年监测到最低溶解氧浓度,分别为 5.6 mg/L 和 6.6 mg/L,衡阳断面在 1990 年和 1999 年监测值出现极低值,分别为 5.9 mg/L 和 5.2 mg/L。5 月溶解氧浓度变化如图 4-4 所示,同样 1995 年,归阳和松柏断面值最低,分别为 6.9 mg/L 和 4.8 mg/L(超 Ⅲ类水标准),衡阳断面在 1990 年和 1997 年出现极低值,分别为 5.4 mg/L 和 5.5 mg/L。6 月溶解氧浓度变化如图 4-5 所示,归阳断面在 1995 年出现极低值,为 6.2 mg/L,衡阳断面同样在 1990 年和 1997 年出现极低值,分别为 4.8 mg/L(超 Ⅲ类水标准)和 5.3 mg/L。7 月溶解氧浓度变化如图 4-6 所示,三个监测断面在 2007 年出现极低值,分别为 5.3 mg/L、5.5 mg/L 和 5.3 mg/L,同时,衡阳断面在 1991 年(5.1 mg/L)、1994 年(5.4 mg/L)和 2001 年(5.8 mg/L)都出现极低值。说明 1995 年产卵场的中上游溶解氧浓度值偏低,衡阳断面溶解氧浓度值偏低年份要多于上游断面。

#### 4.3.1.2 pH 值变化特征

pH 值是控制水化学特征的重要因素之一,是水环境酸碱度的度量。pH 保持微碱性,适合鱼类生长。湘江干流家鱼产卵场 4—7 月 pH 值普遍高于 7,水质偏碱性,适合鱼类生长。三个监测断面 5、6、7 月 pH 值在 2003 年和 2008 年均出现较大值,见图 4-3 至图 4-6。其中,5 月份,归阳、松柏及衡阳断面 2003 年

pH 值分别为 8.4、8.5、8,2008 年 pH 值分别为 8.4、8.6、8.4。6 月份,归阳、松柏及衡阳断面 2003 年 pH 值分别为 8、8.4、8.1,2008 年 pH 值分别为 8.3、8.5、8.4。7 月份,归阳、松柏及衡阳断面 2003 年 pH 值分别为 8.7、8.8、8.9,2008 年分别为 8.4、8.8、8.5。

#### 4.3.1.3 $BOD_5$ 变化特征

五日生化需氧量($BOD_5$)是表征有机污染的重要水质指标。氨氮($NH_3\text{-}N$)是水环境中主要富营养化指标之一,其毒性作用对河水中水生生物的生存产生了威胁,也增加了河流的富营养化程度。高锰酸盐指数($COD_{Mn}$)通常被作为直接表示水体中有机物相对含量的指标,与化学需氧量($COD_{Cr}$)有显著相关性[13]。总磷(TP)被认为是引起水体富营养化的主要因素之一,是引起水华的关键营养盐因子[14]。

$BOD_5$ 值在 4—6 月的变化情况见图 4-3 至图 4-5,上游归阳断面 $BOD_5$ 值要大于下游断面值,尤其在 1992 年 4 月(2.6 mg/L)、1993 年 5 月(4.1 mg/L)(超Ⅲ类水标准)、2011 年 6 月(3.4 mg/L),归阳断面出现极大值;7 月份,衡阳断面 $BOD_5$ 值要高于上游断面,并且在 2013 年出现极大值(4.2 mg/L)(超Ⅲ类水标准)。

#### 4.3.1.4 $NH_3\text{-}N$ 变化特征

$NH_3\text{-}N$ 值在 4—7 月变化情况见图 4-3 至图 4-6。4 月份,归阳断面在 2016 年出现极大值 0.98 mg/L,衡阳断面和松柏断面在 2012 年出现极大值,分别为 0.92 mg/L 和 0.74 mg/L。5 月份,归阳断面在 1998 年达到 1.26 mg/L,超Ⅲ类水标准;6 月份,衡阳断面和松柏断面都出现明显的波动,衡阳断面在 2003 年和 2006 年出现极大值,分别为 0.63 mg/L 和 0.57 mg/L。7 月份,三个监测断面在 2014 年都出现极大值,分别为 0.59 mg/L、0.71 mg/L 和 0.88 mg/L,同时松柏断面在 2009 年(0.79 mg/L)、2011 年(0.70 mg/L)及 2012 年(0.70 mg/L)出现极大值。

#### 4.3.1.5 $COD_{Mn}$ 变化特征

4—6 月份归阳断面 $COD_{Mn}$ 值要高于下游断面(见图 4-3 至图 4-5),且在 2009 年 4 月(4.2 mg/L)该断面 $COD_{Mn}$ 值超Ⅱ类水标准。7 月份(图 4-6),在 2003—2006 年归阳断面 $COD_{Mn}$ 值高于下游断面,而 2006—2016 年衡阳断面的 $COD_{Mn}$ 值要高于上游断面,极大值出现在 2014 年,达到 3.4 mg/L。

#### 4.3.1.6　TP 变化特征

4—7 月 TP 值年际变化情况见图 4-3 至图 4-6,松柏和衡阳断面 TP 出现超标。松柏断面在 2010 年 4 月(0.25 mg/L)、2007 年 5 月(0.43 mg/L)超Ⅲ类水标准。衡阳断面在 2000—2002 年 4、5 月 TP 值均超标,2013 年及 2014 年的 5 月份,2011 年及 2013 年的 6 月 TP 值均超标。

#### 4.3.1.7　重金属变化特征

湘江重金属污染相对严重,水体内重金属可与鳃产生的黏液结合,填满鳃丝之间的空隙,使鱼呼吸困难,窒息死亡。同时,水体中重金属可通过水生植物进入生态系统的食物链中,而底泥中重金属通过底栖动物进入生态系统中食物链。底栖动物选择性地摄取重金属,重金属通过食物链再被鱼类富集,妨碍鱼体内酶的活动,成为内毒。

2006 年松柏断面重金属 Cd 出现超Ⅲ类水标准现象,2006 年 4 月,松柏和衡阳断面 Cd 超Ⅲ类水标准,5 月松柏断面 Cd 超Ⅲ类水标准,6 月、7 月松柏断面 Cd 都出现较大波动。

产卵场地区重金属 $Cr^{6+}$ 在 1997 年出现超标现象,1997 年 4 月松柏和衡阳断面出现超标,1997 年 7 月归阳和衡阳断面出现超标。

松柏断面重金属 As 在 1999 年 4 月、2000 年 5 月以及 1996—1999 年 6 月出现超标现象。

通过对产卵场重金属的分析,可以得出产卵场中部核心地区松柏区域重金属污染相对突出,这将对家鱼产卵产生不利影响。

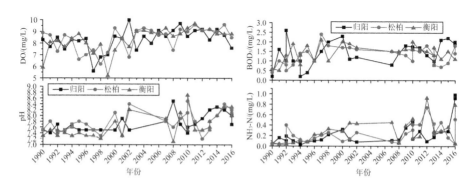

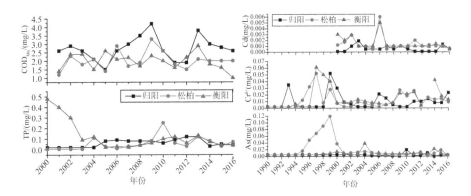

图 4-3  4 月水环境年际变化

Fig. 4-3  Interannual variation of water environment quality in April

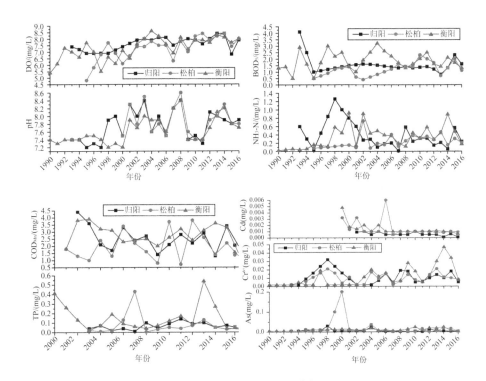

图 4-4  5 月水环境年际变化

Fig. 4-4  Interannual variation of water environment quality in May

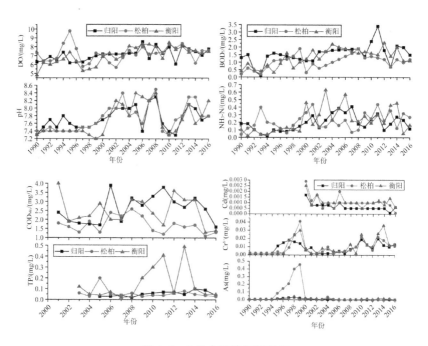

图 4-5　6 月水环境年际变化

Fig. 4-5　Interannual variation of water environment quality in June

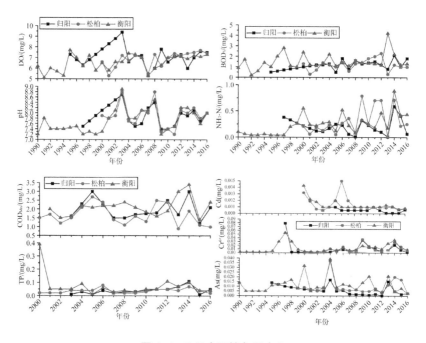

图 4-6　7 月水环境年际变化

Fig. 4-6　Interannual variation of water environment quality in July

## 4.3.2 产卵期水环境指标趋势变化

本节选取对鱼类影响的关键水环境指标进行 Mann-Kendall 秩相关趋势分析。溶解氧对于鱼类摄食后的消化吸收产生影响，并且影响鱼类生长速度。由 Mann-Kendall 趋势分析（表 4-7），可以看出 4、5 月产卵场溶解氧整体呈上升趋势，6 月产卵场上游及下游地区呈上升趋势，7 月产卵场中游及下游上升趋势。

表 4-7  产卵期溶解氧 Mann-Kendall 秩相关检验法分析表

Tab. 4-7  The analysis of Mann-Kendall rank correlation test of dissolved oxygen during the spawning period

| 监测断面 | 4 月 | | | 5 月 | | | 6 月 | | | 7 月 | | |
|---|---|---|---|---|---|---|---|---|---|---|---|---|
| | $Z$ | $\beta$ | 趋势 | $Z$ | $\beta$ | 趋势 | $Z$ | $\beta$ | 趋势 | $Z$ | $\beta$ | 趋势 |
| 归阳 | 1.96 | 0.03 | ▲ | 1.98 | 0.03 | ▲ | 3.2 | 0.04 | ▲ | 0.57 | 0.025 | △ |
| 松柏 | 2.65 | 0.06 | ▲ | 2.84 | 0.09 | ▲ | 1.9 | 0.05 | △ | 3.15 | 0.08 | ▲ |
| 衡阳 | 3.67 | 0.07 | ▲ | 4.65 | 0.08 | ▲ | 4.45 | 0.07 | ▲ | 2.55 | 0.05 | ▲ |

注：▼显著下降；▽不显著下降；▲显著上升；△不显著上升

## 4.4  产卵期家鱼产卵区温度场变化

当水温低于 18℃时，家鱼停止产卵或产卵量减少。温度过高会导致胚胎畸形，甚至死亡。近尾洲及大源渡水电站蓄水前后下游温度变化情况见表 4-8 至表 4-10。近尾洲电站蓄水后，归阳站 4—6 月水温分别减少 1.06℃、2.02℃、3.04℃，7 月水温升高 0.16℃。近尾洲电站蓄水后，下游松柏断面 4—7 月水温都有所减少，分别减少 1.15℃、3.52℃、1.4℃和 1.89℃。而大源渡电站蓄水后，衡阳站的水温变化与归阳站变化一致，在 4—6 月水温减少，分别减少了 0.37℃、0.96℃、1.11℃，7 月水温升高了 0.19℃。

表 4-8  近尾洲水电站蓄水前后归阳站 4—7 月生境要素比较

Tab. 4-8  Comparison of the physical habitat indicators of Guiyang Station before and after the impoundment of Jinweizhou Hydropower Station from April to July

| 生态水文要素 | 4 月 | | | 5 月 | | | 6 月 | | | 7 月 | | |
|---|---|---|---|---|---|---|---|---|---|---|---|---|
| | 蓄水前 | 蓄水后 | 变化 | 蓄水前 | 蓄水后 | 变化 | 蓄水前 | 蓄水后 | 变化 | 蓄水前 | 蓄水后 | 变化 |
| 水温（℃） | 16.81 | 15.75 | 减少 1.06 | 22.7 | 20.68 | 减少 2.02 | 25.57 | 22.53 | 减少 3.04 | 26.1 | 26.26 | 增加 0.16 |

表 4-9 近尾洲水电站蓄水前后松柏断面 4—7 月生境要素比较

Tab. 4-9 Comparison of the physical habitat indicators of Songbai Section before and after the impoundment of Jinweizhou Hydropower Station from April to July

| 生态水文要素 | 4 月 | | | 5 月 | | | 6 月 | | | 7 月 | | |
|---|---|---|---|---|---|---|---|---|---|---|---|---|
| | 蓄水前 | 蓄水后 | 变化 | 蓄水前 | 蓄水后 | 变化 | 蓄水前 | 蓄水后 | 变化 | 蓄水前 | 蓄水后 | 变化 |
| 水温（℃） | 17.4 | 16.25 | 减少 1.15 | 24.48 | 20.96 | 减少 3.52 | 26.54 | 25.14 | 减少 1.4 | 30.5 | 28.61 | 减少 1.89 |

表 4-10 大源渡水电站蓄水前后衡阳站 4—7 月生境要素比较

Tab. 4-10 Comparison of the physical habitat indicators of Hengyang Station before and after the impoundment of Dayuandu Hydropower Station from April to July

| 生态水文要素 | 4 月 | | | 5 月 | | | 6 月 | | | 7 月 | | |
|---|---|---|---|---|---|---|---|---|---|---|---|---|
| | 蓄水前 | 蓄水后 | 变化 | 蓄水前 | 蓄水后 | 变化 | 蓄水前 | 蓄水后 | 变化 | 蓄水前 | 蓄水后 | 变化 |
| 水温（℃） | 17.73 | 17.36 | 减少 0.37 | 23.77 | 22.81 | 减少 0.96 | 26.17 | 25.06 | 减少 1.11 | 28.76 | 28.95 | 增加 0.19 |

利用 Mann-Kendall 秩相关趋势分析产卵场的水温变化，由表 4-11 可以发现产卵场上中游 5、6 月水温呈明显下降趋势，7 月产卵场中部呈明显下降趋势。

表 4-11 产卵期水温 Mann-Kendall 秩相关检验法分析

Tab. 4-11 The analysis of Mann-Kendall rank correlation test of water temperature during the spawning period

| 监测断面 | 4 月 | | | 5 月 | | | 6 月 | | | 7 月 | | |
|---|---|---|---|---|---|---|---|---|---|---|---|---|
| | $Z$ | $\beta$ | 趋势 | $Z$ | $\beta$ | 趋势 | $Z$ | $\beta$ | 趋势 | $Z$ | $\beta$ | 趋势 |
| 归阳 | 0 | 0 | | −2.535 | −0.18 | ▼ | −2.46 | −0.09 | ▼ | 0.038 | 0.033 | |
| 松柏 | −0.92 | −0.038 | | −2.54 | −0.23 | ▼ | −1.61 | −0.1 | ▼ | −2.43 | −0.22 | ▼ |
| 衡阳 | −0.61 | −0.01 | | −1.14 | −0.05 | ▽ | −0.8 | −0.024 | | −0.42 | −0.03 | |

注：▼显著下降；▽不显著下降；▲显著上升；△不显著上升

## 4.5 本章小结

本章确定了湘江干流四大家鱼产卵期及产卵关键影响指标。以 1961—2017 年归阳站逐日流量为基础，总结了产卵期流量脉冲特征。对产卵场家鱼产卵期（4—7 月）的逐日流量、水位、流速进行 IHA-RVA 法分析，对产卵场家鱼产卵期间的水环境及温度场变化趋势进行分析。得出以下结论：

1）在总结湘江干流脉冲形式的基础上，认为该地区流量脉冲有以下几个形式：1. 小大型；2. 大小型；3. 小大小型，也可以称为"山"字型；4. 密集型。

2）4—7月，两梯级联合运行下，归阳站水位的低脉冲特征已基本消失，高脉冲历时增加，次数增加。上下游两电站联合运行对高脉冲历时增大的影响大于下游近尾洲电站单独运行。且上下游两电站联合运行会极大削弱流量、流速的低脉冲特征。

3）大源渡枢纽蓄水后，衡阳站4—7月月均流速发生高度改变，1、3、7、30及90日最小流速值均发生100%变异，30、90日最大流速值和流速低脉冲次数发生高度改变，流速降低不利于受精卵漂浮吸水膨胀过程和刺激家鱼产卵，且1、3日最小流速值已不满足鱼苗"腰点"所需流速值，会导致鱼苗下沉死亡。

4）产卵场中部核心地区松柏区域重金属污染相对突出；4、5月产卵场溶解氧浓度整体呈上升趋势，6月产卵场上游及下游地区溶解氧浓度呈上升趋势，7月产卵场中游及下游溶解氧浓度呈上升趋势。

5）温度场变化趋势为产卵场上中游5、6月水温呈明显下降趋势，7月产卵场中部呈明显下降趋势。

# 参考文献

［1］段辛斌，陈大庆，李志华，等. 三峡水库蓄水后长江中游产漂流性卵鱼类产卵场现状[J]. 中国水产科学，2008(4)：523-532.

［2］段辛斌，田辉伍，高天珩，等. 金沙江一期工程蓄水前长江上游产漂流性卵鱼类产卵场现状[J]. 长江流域资源与环境，2015，24(8)：1358-1365.

［3］丁德明，廖伏初，李鸿，等. 湖南湘江渔业资源现状及保护对策[C]//重庆市水产学会. 中国南方十六省(市、区)水产学会渔业学术论坛第二十六次学术交流大会论文集(上册). 湖南省水产科学研究所，2010：127-141.

［4］DYSON D, BERGKAMP G, SCANLON J. Flow：the essentials of environmental flows [J]. Water and Nature Initiative, International Union for Conservation of Nature and Natural Resources, Gland,Switzerland and Cambridge,UK，2003：20-87.

［5］GORDON N D, MCMAHON T A, FINLAYSON B L, et al. Stream Hydrology：An introduction for ecologists[M]. 2nd Edition. Hoboken：John Wiley and Sons,Ltd. 2004.

［6］张爱静，董哲仁，赵进勇，等. 黄河水量统一调度与调水调沙对河口的生态水文影响[J]. 水利学报，2013，44(8)：987-993.

［7］刘晓燕，等. 黄河环境流研究[M]. 郑州：黄河水利出版社，2009.

［8］余文公. 三峡水库生态径流调度措施与方案研究[D]. 南京:河海大学,2007.

［9］陈锡涛,唐家汉. 湘江污染对鱼类资源影响的调查研究[J]. 湖南水产科技,1982(4):57-63.

［10］陈锡涛. 水污染与渔业[J]. 湖南水产科技,1983(2):13-14+12.

［11］唐家汉,陈锡涛. 湘江污染对鱼类资源的影响[J]. 淡水渔业,1983(6):15-18.

［12］陈永灿,付健,刘昭伟,等. 三峡大坝下游溶解氧变化特性及影响因素分析[J]. 水科学进展,2009,20(4):526-530.

［13］王鹤扬. 地表水高锰酸盐指数与化学需氧量相关关系研究[J]. 环境科学与管理,2011,36(9):118-121.

［14］简敏菲,简美锋,李玲玉,等. 鄱阳湖典型湿地沉水植物的分布格局及其水环境影响因子[J]. 长江流域资源与环境,2015,24(5):765-772.

# 5

## 梯级开发对鱼类产卵区水力影响数值模拟

刺激家鱼产卵的因素众多,如水力、水温及水质等因素。本章通过数值模拟手段分析了梯级开发前后刺激家鱼产卵的水力条件变化程度。

在各种水力条件中,流速是刺激家鱼产卵的真正关键因素,在自然界中流量和水位的变化可以直接反映流速的变化,且流量和水位相比流速可以更为直观的被监测,因此众多学者根据流量和水位的变化分析来寻找家鱼产卵的特征。但水利工程的建设改变了天然流量、水位及流速的关系,因此单纯分析流量、水位的变化已不能代表流速值真正的变化,故通过只分析流量、水位来寻找刺激家鱼产卵的特征的研究方法已不适用。因此,本章着重分析天然情况下及水利工程建设后的流速、流场变化情况,以得出工程建设对家鱼产卵的影响。

## 5.1 数值模拟建立及验证

### 5.1.1 模型的建立

#### 5.1.1.1 地形概况

地形数据来自 2017 年湖南交通设计院所测得 1∶2 000 水下地形 CAD 图。地形范围为湘江干流归阳水文站至衡阳水文站,共 137 km。本研究提取 CAD 中河道地形数据,转为 xyz 格式文件,匹配坐标后导入 MIKE21 软件中,根据高程数据内插得到模拟区域地形文件。模型范围示意图见图 5-1。

图 5-1 数学模型总体平面图

Fig. 5-1 General plan of mathematical model

### 5.1.1.2 网格划分

根据河道地形特点合理布置计算网格,本文采用三角形网格对计算区域进行网格划分,共计 146 440 个三角形网格,计算节点 77 725 个。其中,为满足计算精度,在产卵场区域划分较细。模型网格划分示意图见图 5-2。

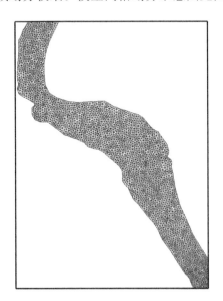

**图 5-2   数学模型网格划分示意图**

**Fig. 5-2   Schematic diagram of meshing in mathematical model**

### 5.1.1.3 边界条件

(1) 闭合边界

沿着陆地边界,垂直于边界的所有流动变量设置为 0。沿着陆地边界的动量方程是完全平稳的。

(2) 开边界

模型以归阳水文站逐日流量作为上游边界条件,以衡阳水文站逐日水位作为下游边界条件。

区间有宜水、春陵水、蒸水及耒水 4 条支流汇入,分别按各支流汇入位置,以各支流逐日流量作为源项形式汇入。

(3) 干湿边界处理

若网格单元上的水深变浅又未处于露滩情况下,水动力计算过程将该网格单元上的动量通量设置为0,只考虑质量通量。若网格上的水深变浅至露滩状态时,计算过程将忽略该网格单元,直到该网格重新被淹为止。

计算模型过程中,每一时间步计算,要检测所有网格单元水深,并按干点、半干湿点和湿点分类,每个单元的临边都被检测,以便确定水边线位置。

## 5.1.2 模型的率定及验证

为检验数学模型的建立和计算方法是否正确,率定模型中的有关参数设置,本次研究对数学模型计算结果中的水位进行验证。

### 5.1.2.1 验证条件

因为本次模型涉及湘江干流归阳水文站至衡阳水文站137 km,范围较长,故本节将模拟范围分两段进行验证:段1为归阳水文站至近尾洲水电站,长度43 km;段2为近尾洲水电站至衡阳水文站,长度94 km。

段1采用湖南省水利水电勘测设计研究总院编制的《湖南省近尾洲水电站可行性研究报告》[1]中的近尾洲水库回水计算成果进行验证。段2采用交通运输部天津水运工程科学研究院编制的《湘江土谷塘航电枢纽工程总体布置优化模型试验研究》[2]中土谷塘航电枢纽坝址附近布置的水尺实测值进行验证,该报告在研究河段左、右岸共布设8把水尺(见图5-3)进行了实际水面线测量,水尺间隔1.5 km。

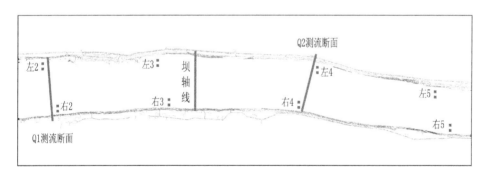

**图5-3 土谷塘航电枢纽坝区河段水尺布置图**

**Fig. 5-3 Layout of water gauge in the dam section of Tugutang Hydropower Junction**

### 5.1.2.2 率定与验证计算成果

由归阳至近尾洲段(表5-1)和近尾洲至衡阳段(表5-2)验证结果可以得出,

满足《内河航道与港口水流泥沙模拟技术规程》(JTS/T 231—4—2018)中要求的水位允许偏差在±0.1 m,水流率定宜包括枯水、中水、洪水流量级要求。因此,本次模拟具有较高的可信度。

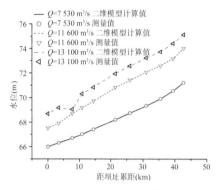

图 5-4　归阳至近尾洲模型验证

Fig. 5-4　Model validation from Guiyang to Jinweizhou

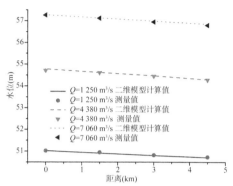

图 5-5　近尾洲至衡阳模型验证

Fig. 5-5　Model validation Jinweizhou from to Hengyang

表 5-1　归阳至近尾洲段模型水位验证

Tab. 5-1　Verification of water level from Guiyang to Jingweizhou Section

| 断面名称 | 间距(km) | 距坝址累距(km) | $Q=7\,530\ \mathrm{m^3/s}$ | | | $Q=11\,600\ \mathrm{m^3/s}$ | | | $Q=13\,100\ \mathrm{m^3/s}$ | | |
|---|---|---|---|---|---|---|---|---|---|---|---|
| | | | 模型(m) | 回水成果(m) | 差值(m) | 模型(m) | 回水成果(m) | 差值(m) | 模型(m) | 回水成果(m) | 差值(m) |
| 下湾 | 0.0 | 0.0 | 66.00 | 66.00 | 0.00 | 67.51 | 67.51 | 0.00 | 68.69 | 68.69 | 0.00 |
| 雷家湾 | 3.47 | 3.47 | 66.30 | 66.31 | −0.01 | 67.91 | 67.90 | 0.01 | 69.20 | 69.18 | 0.02 |
| 郝家湾 | 4.26 | 7.73 | 66.68 | 66.70 | −0.02 | 68.70 | 68.72 | −0.02 | 69.00 | 69.05 | −0.05 |
| 新屋 | 3.11 | 10.84 | 67.00 | 67.02 | −0.02 | 69.16 | 69.18 | −0.02 | 70.30 | 70.31 | −0.01 |
| 河洲 | 3.64 | 14.48 | 67.42 | 67.40 | 0.02 | 69.70 | 69.73 | −0.03 | 70.86 | 70.84 | −0.02 |
| 桐子山 | 6.97 | 21.45 | 68.20 | 68.21 | −0.01 | 70.80 | 70.83 | −0.03 | 71.96 | 71.95 | 0.01 |
| 欧家塘 | 4.5 | 25.95 | 68.74 | 68.75 | −0.01 | 71.40 | 71.43 | −0.03 | 72.55 | 72.57 | −0.02 |
| 瓢塘 | 5.03 | 30.98 | 69.32 | 69.34 | −0.02 | 72.08 | 72.06 | 0.02 | 73.22 | 73.24 | −0.02 |
| 唐合清院子 | 4.51 | 35.49 | 69.90 | 69.90 | 0.00 | 72.60 | 72.58 | 0.02 | 73.75 | 73.73 | 0.02 |
| 黄家洲 | 3.91 | 39.4 | 70.54 | 70.55 | −0.01 | 73.16 | 73.17 | −0.01 | 74.41 | 74.42 | −0.01 |
| 归阳水文站 | 3.27 | 42.67 | 71.22 | 71.22 | 0.00 | 74.03 | 74.03 | 0.00 | 75.14 | 75.14 | 0.00 |

表 5-2　近尾洲至衡阳段模型水位验证

Tab. 5-2　**Verification of model water level from Jingweizhou to Hengyang Section**

| 水尺编号 | | $Q=1\,250\ \mathrm{m^3/s}$ | | | $Q=4\,380\ \mathrm{m^3/s}$ | | | $Q=7\,060\ \mathrm{m^3/s}$ | | |
|---|---|---|---|---|---|---|---|---|---|---|
| | | 模型<br>(m) | 实测<br>(m) | 差值<br>(m) | 模型<br>(m) | 实测<br>(m) | 差值<br>(m) | 模型<br>(m) | 实测<br>(m) | 差值<br>(m) |
| 右岸 | 右1 | 51.02 | 51.02 | 0.00 | 54.78 | 54.71 | 0.07 | 57.27 | 57.26 | 0.01 |
| | 右2 | 50.91 | 50.95 | −0.04 | 54.62 | 54.61 | 0.01 | 57.13 | 57.12 | 0.01 |
| | 右3 | 50.80 | 50.82 | −0.02 | 54.47 | 54.45 | 0.02 | 56.99 | 56.95 | 0.04 |
| | 右4 | 50.71 | 50.73 | −0.02 | 54.29 | 54.28 | 0.01 | 56.85 | 56.80 | 0.05 |
| 左岸 | 左1 | 51.00 | 51.03 | −0.03 | 54.75 | 54.72 | 0.03 | 57.26 | 57.27 | −0.01 |
| | 左2 | 50.90 | 50.96 | −0.06 | 54.62 | 54.62 | 0.00 | 57.12 | 57.18 | −0.06 |
| | 左3 | 50.79 | 50.83 | −0.04 | 54.45 | 54.45 | 0.00 | 56.99 | 56.96 | 0.03 |
| | 左4 | 50.71 | 50.73 | −0.02 | 54.26 | 54.29 | −0.03 | 56.82 | 56.84 | −0.02 |

## 5.2　梯级开发对鱼类产卵场影响模拟

在每个现存的产卵场取点进行天然和梯级开发后的流速对比分析,选取流速最大值发生时间进行整个流场的分析。

### 5.2.1　模拟高、低流量脉冲的确定

借鉴湘江干流四大家鱼产卵期现场调查结论[3]及参考 4.2.2.1 章节结论,本节将 4—7 月作为湘江干流四大家鱼产卵期,选取 2017 年 6 月 24 日—7 月 1 日($Q_{起始}$为 1 730 $\mathrm{m^3/s}$,$Q_{峰值}$为 8 440 $\mathrm{m^3/s}$,$Q_{终止}$为 4 560 $\mathrm{m^3/s}$)作为典型洪水过程;选取 2018 年 6 月 7 日—6 月 12 日作为典型高流量过程($Q_{起始}$为 748 $\mathrm{m^3/s}$,$Q_{峰值}$为 3 060 $\mathrm{m^3/s}$,$Q_{终止}$为 862 $\mathrm{m^3/s}$);2018 年 6 月 28 日—7 月 3 日($Q_{起始}$为 379 $\mathrm{m^3/s}$,$Q_{峰值}$为 455 $\mathrm{m^3/s}$,$Q_{终止}$为 335 $\mathrm{m^3/s}$)作为典型低流量过程进行模拟。本节拟选用的洪、高、低流量脉冲过程示意见图 5-4。

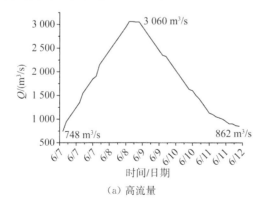

（a）高流量

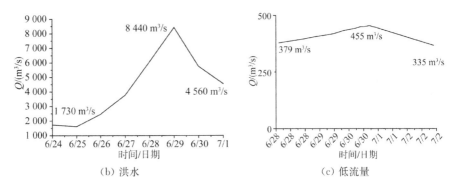

（b）洪水　　　　　　　　　　　　　（c）低流量

图 5-4　洪、高、低流量脉冲过程示意图

Fig. 5-4　Schematic diagram of high and low flow pulse process

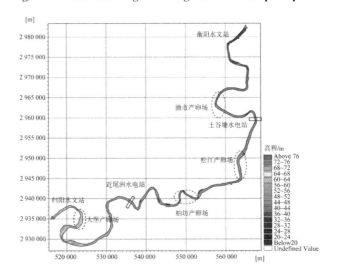

图 5-5　湘江干流家鱼产卵场示意图

Fig. 5-5　The FMCC spawning grounds in Xiangjiang River

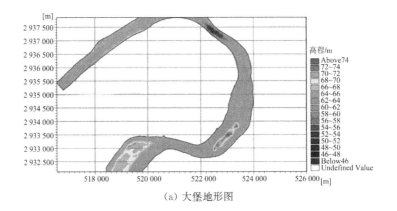

（a）大堡地形图

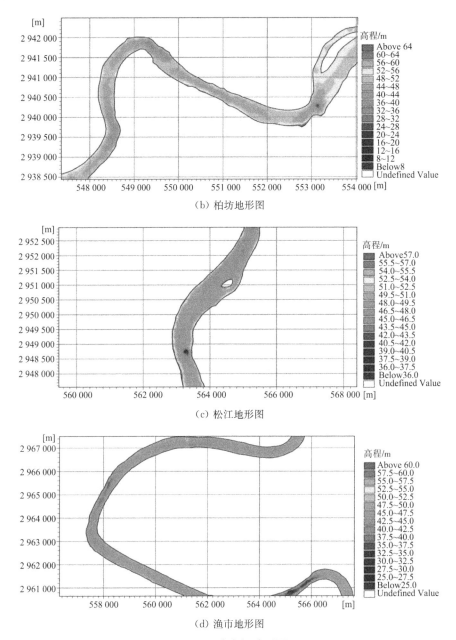

（b）柏坊地形图

（c）松江地形图

（d）渔市地形图

图 5-6　产卵场地形图

Fig. 5-6　Topographic map of spawning ground

## 5.2.2　峰值流量下流场分析

成熟的亲鱼需要在特定的水力条件中，获得刺激进而产卵。因此复杂的洄流、乱流及泡漩水是家鱼产卵所必需的流向条件。

图 5-7 为大堡产卵场高流量脉冲过程中峰值流量时的瞬时流场矢量图。天然情况下,大堡产卵场在洲岛附近有流向不同的水流交错,且局部有洄流出现,这是刺激家鱼产卵最适宜的流场特征[4];梯级开发后,受近尾洲枢纽回水影响,水位抬高导致洲岛面积缩小,库区范围内流速值明显减少,同时水位抬高导致江中乱石暗礁被淹没,水流交错程度减弱,洄流流速减小,部分洄流和乱流消失。

图 5-8 为柏坊产卵场高流量脉冲过程中峰值流量时的流速等值线图。天然情况下,部分短程江段河道弯曲而狭窄,有突出江心的洲岛,水流结构复杂且流速值高,达到 1.6~2.0 m/s,局部区域流速超过 2.0 m/s,这是家鱼稳定产卵场

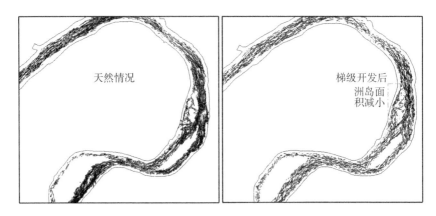

图 5-7　大堡产卵场峰值流量下流场矢量对比图($Q=3\ 060\ \mathrm{m^3/s}$)

Fig. 5-7　Comparison of velocity vector diagram of Dabao spawning ground under peak flow($Q=3\ 060\ \mathrm{m^3/s}$)

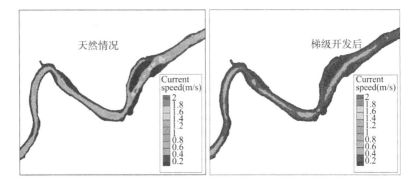

图 5-8　柏坊产卵场峰值流量下流速等值线对比图($Q=3\ 060\ \mathrm{m^3/s}$)

Fig. 5-8　Comparison of velocity contour map of Baifang spawning ground under peak flow ($Q=3\ 060\ \mathrm{m^3/s}$)

的特有条件。梯级开发后,水流结构的复杂程度减弱,同时流速值减少至 1.4 m/s ("喜好流速"下限)以下,高流速值区域消失。在河道狭窄地区如松江产卵场,梯级开发后流速范围由 1.6~0.4 m/s 降为 0.8~0.4 m/s,高流速值水域面积大幅下降。

## 5.2.3  产卵场流速变化过程分析

流速上涨具有刺激家鱼产卵的效果,并且上涨时间越长越刺激家鱼产卵[4]。为分析梯级开发前后流量过程中产卵场流速的变化情况,分别选取了柏坊、松江产卵场的 3 个典型点进行分析,其中 1♯ 点位于产卵场的上游部、2♯ 点位于中部、3♯ 位于下游部。图 5-9、5-10 分别为梯级开发前后柏坊和松江产卵场高、低流量过程特征点位置的流速对比图。

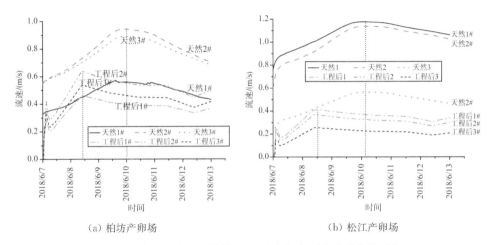

(a)柏坊产卵场              (b)松江产卵场

**图 5-9  高流量脉冲下柏坊、松江产卵场典型点流速变化过程**

**Fig. 5-9  Flow velocity change process of typical point in Baifang &**

**Songjiang spawning grounds under high flow pulse**

高流量过程下,梯级开发后柏坊和松江产卵场流速上涨过程由天然的 3 天缩短至 1.5 天,时间缩减了 50%,流速的脉冲过程变得"尖锐",流速上涨过程时间缩短,不利于刺激家鱼产卵。高流量过程中,梯级开发后流速较天然情况下明显下降,以松江产卵场 1♯ 为例,天然情况下有 66 小时间段流速可以达到"触发流速"范围,但梯级开发后流速全低于"感应流速"的下限值(0.86 m/s)。

低流量过程下,梯级开发使得整个低流量脉冲过程分裂为两次流速脉冲过程,脉冲过程变得"尖锐",流速上涨过程时间缩短。低流量过程的流速是否达"腰点"流速也很关键,"腰点"流速是确保鱼类产出的鱼卵不下沉、存活的流速,

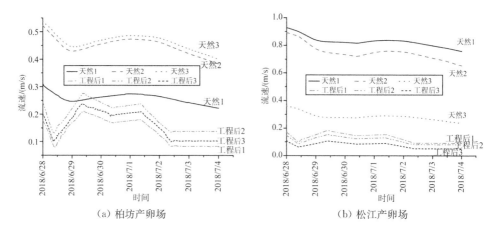

(a) 柏坊产卵场　　　　　　　　　　(b) 松江产卵场

图 5-10　低流量脉冲下柏坊、松江产卵场典型点流速变化过程

Fig. 5-10　Flow velocity change process of typical point in Baifang &

Songjiang spawning grounds under low flow pulse

为鱼苗的重要水力要素。天然情况下的低流量脉冲过程,库区回水范围及两梯级之间的产卵场(柏坊、松江),约 45% 时段的流速值尚能维持在鱼苗"腰点"流速 0.2 m/s 以上,梯级开发后整个过程的流速均低于鱼苗"腰点"流速。

## 5.2.4　繁殖适宜流速水域面积分析

分析高、低流量脉冲过程的计算结果,首先得出每个模拟网格流速上涨过程的平均流速,然后统计不同分级流速的水域面积,计算公式如下:

$$S = \sum s_{x \sim x + \Delta x} (x < v \leqslant x + \Delta x) \tag{5-1}$$

式中:$x$——流速分级点;

$v$——单元格平均流速,m/s;

$s$——单元格面积,$m^2$;

$S$——分级流速汇总面积,$m^2$。

表 5-3　不同分级流速对鱼类产卵的意义

Tab. 5-3　The significance of different graded velocity for fish spawning

| 名称 | 流速值/范围 | 对鱼类产卵的意义 |
|---|---|---|
| "腰点"流速 | 0.2 m/s | 家鱼鱼卵和鱼苗需要流速维持在 0.2 m/s 以上以便不下沉,也可认为是产卵及鱼卵孵化的下限流速 |
| 感应流速 | 0.86~1.11 m/s | 已有研究得出不同流速对亲鱼产卵行为会产生不同的影响,流速小于 0.86 m/s 时,亲鱼几乎没有产卵行为;流速在 0.86~1.11 m/s 之间,亲鱼逐渐发生产卵行为,称为产卵的"感应流速"范围 |

| 名称 | 流速值/范围 | 对鱼类产卵的意义 |
|------|------------|------------------|
| 触发流速 | 1.11～1.49 m/s | 流速在 1.11～1.49 m/s 之间,亲鱼会逐渐发生产卵活动,称为产卵的"触发流速"范围 |
| 喜好流速 | 1.40～1.6 m/s | 适宜亲鱼产卵,是产卵的"喜好流速"范围 |

**表 5-4　涨水过程加速度对家鱼繁殖的影响**

Tab. 5-4　The effect of acceleration on domestic fish reproduction in the process of rising water

| 研究内容 | 研究结论 |
|----------|----------|
| 涨水过程 | 流速以每秒增加 0.25～0.50 m 的情况具有刺激家鱼产卵效果,流速稳定或者减少即"断江" |
| 涨水时间 | 在发洪水的第 2 天产漂流性卵鱼类产卵;长江中游江段,流速达到 1.0～1.3 m/s,涨水后 1～2 天,甚至 3 天,家鱼开始产卵;涨水持续时间为 3 天及以上的涨水过程,或持续 2 次涨水过程可刺激家鱼发生大规模繁殖 |
| 涨水加速度 | 张予馨得出产卵事件发生概率最大(接近 30%)加速度为 0.09～0.12 m/(s·d);0.03～0.09 m/(s·d)、0.12～0.15 m/(s·d)产卵事件发生概率相对较大;0.00～0.03 m/(s·d)则发生概率较小;0.04～0.12 m/(s·d)为适宜产卵的加速度 |

参考表 5-3 不同分级流速对鱼类产卵的意义,分别开展以下几组流速分级分析:(1)"腰点"流速以下(0～0.2 m/s);(2)"腰点"流速至"感应流速"下限(0.2～0.86 m/s);(3)"感应流速"范围(0.86～1.11 m/s);(4)"触发流速"范围(1.11～1.49 m/s);(5)"喜好流速"范围(1.4～1.6 m/s)。

### 5.2.4.1　亲鱼产卵适宜流速

亲鱼需要适宜的流速刺激才能产生产卵行为[4],因此将洪、高流量上涨过程中影响产卵行为的流速面积进行统计,结果见图 5-11 和图 5-12。将梯级开发后不同适宜亲鱼产卵流速水域面积与天然情况下水域面积做对比,形成表 5-5。

洪水流量过程,梯级建设后整体研究区产卵触发流速的水域面积减少至天然情况下的 11.7%;近尾洲上游,产卵最佳、触发、适宜流速面积增长;近尾洲至土谷塘流量梯级之间呈基本持平状态;土谷塘枢纽下游区减少趋势明显,产卵最佳、触发、适宜流速水域面积分别减少至天然情况下的 30.8%、39.3% 和 20.4%。

高流量过程,适宜亲鱼产卵流速的水域面积在梯级开发后大幅缩减,不利于刺激亲鱼产卵行为。从区域上,近尾洲枢纽上游区域减少程度更显著,这是由于库区水位抬升,回水顶托作用导致河流流速减缓;土谷塘枢纽下游区域减少程度相对较少。

低流量过程,近尾洲枢纽库区、近尾洲至土谷塘即两梯级之间以及全河段,适宜产卵的流速面积(包括产卵最佳流速、产卵触发流速面积)在梯级开发后大幅度减少。而土谷塘枢纽下游,适宜产卵的流速面积在梯级开发后有所增加,但增加的面积很小。

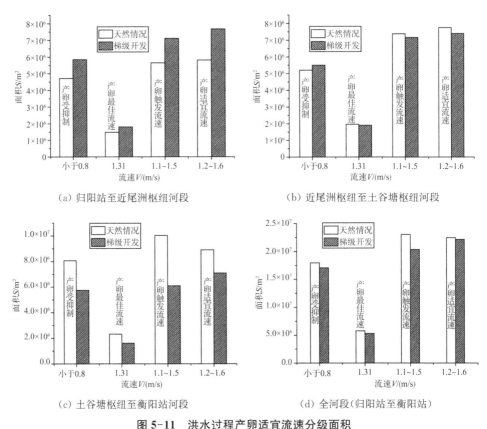

图 5-11　洪水过程产卵适宜流速分级面积

Fig. 5-11　Gradedareas of suitable velocity for spawning dwring flood flow process

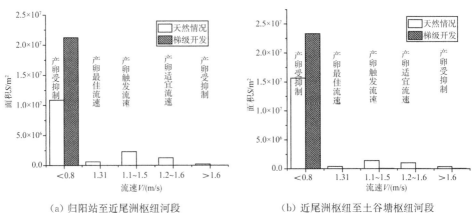

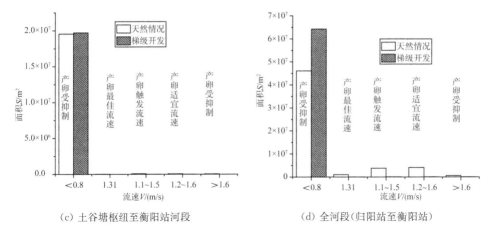

（c）土谷塘枢纽至衡阳站河段 　　　　（d）全河段（归阳站至衡阳站）

图 5-12　高流量脉冲过程产卵适宜流速分级面积

Fig. 5-12　Graded areas of suitable velocity for spawning during high flow pulse process

表 5-5　梯级开发后亲鱼产卵适宜流速水域变化特征（梯级开发/天然情况）

Tab. 5-5　Variation characteristics of waters with suitable flow velocity for broodstock spawning after cascade development（cascade development/natural condition）

| 流量 | 流速范围 | 全河段 | 归阳—近尾洲 | 近尾洲—土谷塘 | 土谷塘—衡阳 |
|---|---|---|---|---|---|
| 洪水流量 | 产卵最佳流速(1.31 m/s) | 8.0% | 1.2 倍 | 3.24% | 30.8% |
| | 产卵触发流速(1.1~1.5 m/s) | 11.7% | 1.26 倍 | 3.0% | 39.3% |
| | 产卵适宜流速(1.2~1.6 m/s) | 1.4% | 1.32 倍 | 4.5% | 20.4% |
| | 产卵行为受抑制<br>(<0.8 m/s 或 >1.6 m/s) | 3.3% | 基本持平 | 基本持平 | 10.0% |
| 高流量 | 产卵最佳流速(1.31 m/s) | 1.6% | 0.3% | 2.2% | 24.4% |
| | 产卵触发流速(1.1~1.5 m/s) | 1.6% | 0.3% | 2.5% | 18.6% |
| | 产卵适宜流速(1.2~1.6 m/s) | 1.6% | 0.5% | 2.4% | 15.2% |
| | 产卵行为受抑制<br>(<0.8 m/s 或 >1.6 m/s) | 1.4 倍 | 1.9 倍 | 1.5 倍 | 基本持平 |
| 低流量 | 产卵最佳流速(1.31 m/s) | 1.8% | 减少 4 315 倍，约剩 100 m² | 2.9% | 增加 5 300 m² |
| | 产卵触发流速(1.1~1.5 m/s) | 1.7% | 水域面积消失 | 3% | 增加 2 120 m² |
| | 产卵适宜流速(1.2~1.6 m/s) | 1.3 倍 | 1.5 倍 | 1.54 倍 | 基本持平 |
| | 产卵行为受抑制<br>(<0.8 m/s 或 >1.6 m/s) | 1.8% | 减少 4 315 倍，约剩 100 m² | 2.9% | 增加 5 300 m² |

#### 5.4.2.2 鱼卵受精适宜流速

家鱼卵子与精子相遇直至受精都需要适宜的流速范围[4]。分析统计洪、高流量上涨过程不同受精适宜流速范围,见图5-13及图5-14。同时,将梯级开发后不同受精适宜流速水域面积与天然情况下水域面积做对比,形成表5-6。

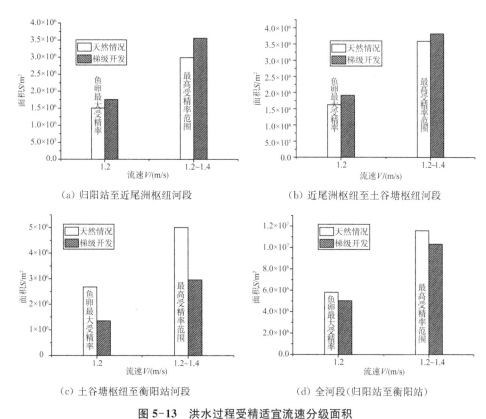

(a) 归阳站至近尾洲枢纽河段        (b) 近尾洲枢纽至土谷塘枢纽河段

(c) 土谷塘枢纽至衡阳站河段        (d) 全河段(归阳站至衡阳站)

**图 5-13    洪水过程受精适宜流速分级面积**

**Fig. 5-13    Graded areas of suitable velocity for fertilization during flood flow process**

洪水流量过程,梯级开发后全河段鱼卵最大受精率流速面积减少至天然情况下的 13.5%,最高受精率范围流速面积减少至 10.8%;其中近尾洲枢纽库区,鱼卵最大受精率流速和最高受精率范围流速面积略有增长;近尾洲至土谷塘即两梯级之间鱼卵最大受精率流速面积略有增长,其他与天然情况持平;土谷塘枢纽下游鱼卵最大受精率流速和最高受精率范围流速面积分别减少至天然情况下的 49.5% 和 40.8%。

高流量过程,适宜受精的流速水域面积,包括鱼卵最大受精流速(1.2 m/s)和最高受精率流速范围(1.2~1.4 m/s)在梯级开发后大幅度下降。

　　低流量过程,梯级开发的近尾洲枢纽库区、近尾洲至土谷塘即两梯级之间以及全河段,适宜受精的流速面积在梯级开发后大幅度下降。土谷塘枢纽下游,出现适宜受精的流速面积在梯级开发后有所增加。详见图5-15。

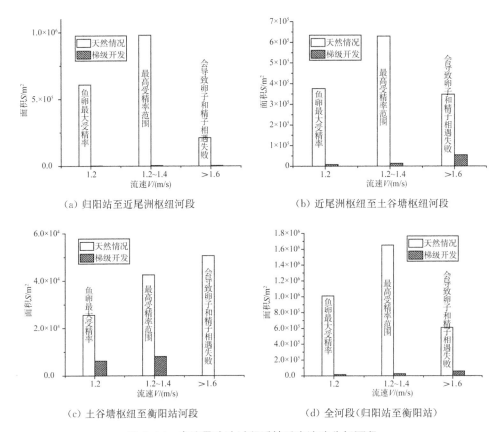

图 5-14　高流量脉冲过程受精适宜流速分级面积

Fig. 5-14　Grade areas of suitable velocity for fertilization during high flow pulse process

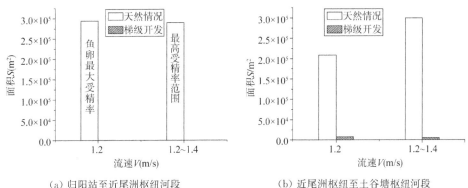

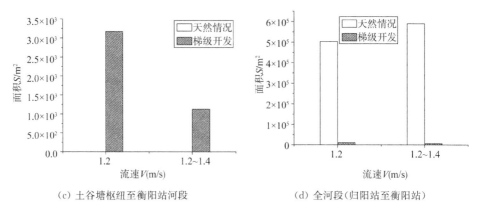

(c) 土谷塘枢纽至衡阳站河段　　　　　　(d) 全河段(归阳站至衡阳站)

图 5-15　低流量脉冲过程受精适宜流速分级面积

Fig. 5-15　Grade areas of suitable velocity for fertilization during low flow pulse process

表 5-6　梯级开发后受精适宜流速水域变化特征(梯级开发/天然情况)

Tab. 5-6　Variation characteristics of waters with suitable flow velocity

for fertilization after cascade development (cascade development/natural condition)

| 流量 | 流速范围 | 全河段 | 归阳—近尾洲 | 近尾洲—土谷塘 | 土谷塘—衡阳 |
|---|---|---|---|---|---|
| 洪水流量 | 鱼卵最大受精率(1.2 m/s) | 13.5% | 1.17 | 1.18 | 49.5% |
| | 最高受精率范围(1.2~1.4 m/s) | 10.8% | 1.19 | 持平 | 40.8% |
| | 会导致精子和卵子相遇失败(>1.6 m/s) | 3.3% | 基本持平 | 持平 | 9.9% |
| 高流量 | 鱼卵最大受精率(1.2 m/s) | 16.1% | 0.3% | 2.2% | 24.4% |
| | 最高受精率范围(1.2~1.4 m/s) | 15.7% | 0.4% | 2.2% | 19.0% |
| | 会导致精子和卵子相遇失败(>1.6 m/s) | 9.5% | 16.8% | 15.6% | 基本消失 |
| 低流量 | 鱼卵最大受精率(1.2 m/s) | 2.1% | 减少 1 893 倍,剩余 155 m² | 3.6% | 增加 3 168 m² |
| | 最高受精率范围(1.2~1.4 m/s) | 1.1% | 基本消失 | 1.8% | 增加 1 124 m² |
| | 会导致精子和卵子相遇失败(>1.6 m/s) | 4.7% | 基本消失 | 7.2% | 7.2% |

### 5.4.2.3　亲鱼产卵适宜加速度

分析统计洪、高、低流量上涨过程产卵适宜加速度范围,见图 5-15 至图 5-17。同时,将梯级开发后不同适宜加流速水域面积与天然情况下水域面积做对比,形成表 5-7。

径流式梯级开发使洪水过程中,全河段产卵事件发生概率最大加速度[0.09~0.12 m/(s·d)]面积与天然情况持平;产卵适宜加速度[0.04~0.12 m/(s·d)]面积扩大三倍;产卵事件发生概率相对较大加速度[0.03~0.09 m/(s·d)]面积扩大6倍,较小加速度[0.12~0.15 m/(s·d)]面积缩小至天然情况的69.4%;产卵事件发生概率较小加速度[0~0.03 m/(s·d)]面积也扩大3倍。梯级开发后的上游面积最大的加速度为0.14 m/(s·d),梯级作用使面积最大的加速度为0.24 m/(s·d)。梯级作用使上游河段加速度提高,中游与天然情况接近,下游河段加速度降低。

高流量过程,产卵事件发生概率最大加速度[0.09~0.12 m/(s·d)]、适宜加速度[0.04~0.12 m/(s·d)]及相对较大的加速度[0.03~0.09 m/(s·d)及0.12~0.15 m/(s·d)]水域面积在梯级开发后大幅度下降。而产卵事件发生概率较小加速度范围面积则在梯级开发后增长至天然情况的2倍。梯级开发对高流量过程的影响为不利于刺激亲鱼产卵。

低流量过程,近尾洲库区产卵事件发生频率最大,适宜及相对较大的加速度范围面积在梯级开发后均大幅度下降。而近尾洲至土谷塘即两梯级电站之间、土谷塘下游以及全河段,由于梯级开发使产卵事件发生频率最大、适宜及相对较大的加速度范围水域面积增加,产卵事件发生概率较小加速度范围面积减少。说明梯级开发的调度调控作用对低流量过程水流的加速度增长作用更为明显,可以有效增加适宜亲鱼产卵加速度水域面积。

由图5-16~图5-18,发现梯级开发对洪水过程和低流量过程加速影响有利于刺激亲鱼产卵,但对高流量过程不利于刺激亲鱼产卵。结合湘江1961—2017年长时间序列水文资料分析,在整个产卵期洪水时间占比0~4.9%,低流量过程时间占比0.8%~34%;而高流量时间占比23%~82.9%。表明湘江干流,家鱼产卵期高流量过程起主要作用。而径流式梯级开发对高流量过程加速度影响是不利于刺激家鱼产卵的。

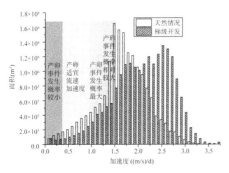

（a）归阳站至近尾洲枢纽河段

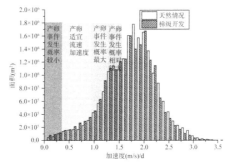

（b）近尾洲枢纽至土谷塘枢纽河段

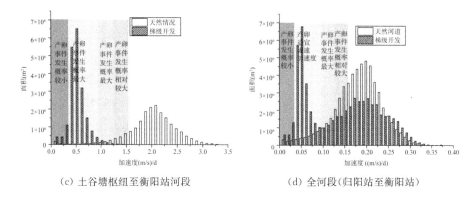

（c）土谷塘枢纽至衡阳站河段　　　　　（d）全河段（归阳站至衡阳站）

**图 5-16　洪水脉冲过程产卵适宜加速度分级面积**

**Fig. 5-16　Graded areas of suitable acceleration for spawning during flood flow pulse process**

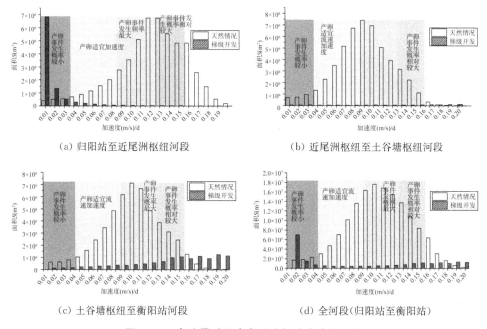

（a）归阳站至近尾洲枢纽河段　　　　　（b）近尾洲枢纽至土谷塘枢纽河段

（c）土谷塘枢纽至衡阳站河段　　　　　（d）全河段（归阳站至衡阳站）

**图 5-17　高流量过程产卵适宜加速度分级面积**

**Fig. 5-17　Graded areas of suitable acceleration for spawning during the high flow process**

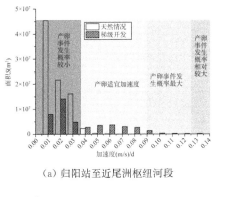

（a）归阳站至近尾洲枢纽河段

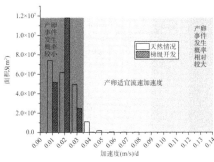
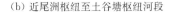

（b）近尾洲枢纽至土谷塘枢纽河段

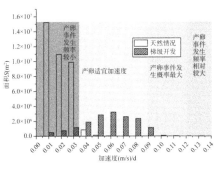

（c）土谷塘枢纽至衡阳站河段

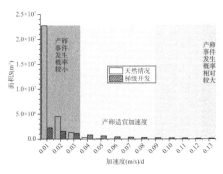

（d）全河段（归阳站至衡阳站）

**图 5-18　低流量过程产卵适宜加速度分级面积**

Fig. 5-18　Graded areas of suitable acceleration for spawning during the low flow process

**表 5-7　梯级开发后产卵适宜加速度水域变化特征（梯级开发/天然情况）**

Tab. 5-7　Variation characteristics of waters with suitable acceleration for broodstock

spawning after cascade development（cascade development/natural condition）

| 流量 | 特征加速度范围 | 全河段 | 归阳—近尾洲 | 近尾洲—土谷塘 | 土谷塘—衡阳 |
|---|---|---|---|---|---|
| 洪水流量 | 产卵事件发生概率最大<br>[0.09～0.12 m/(s·d)] | 100.2% | 73.9% | 115.0% | 131.7% |
| | 产卵适宜加速度<br>[0.04～0.12 m/(s·d)] | 345.9% | 64.2% | 119.1% | 2 294.5% |
| | 产卵事件发生概率相对<br>较大加速度[0.03～0.09 m/(s·d)]<br>及 0.12～0.15 m/(s·d)] | 639.6%,<br>69.4% | 52.7%,<br>57.0% | 124.6%,<br>107.3% | 6 698.7%,<br>7.3% |
| | 产卵事件发生概率较小<br>[0～0.03 m/(s·d)] | 3 倍 | 61.9% | 139.0% | 8 倍 |

续表

| 流量 | 特征加速度范围 | 全河段 | 归阳—近尾洲 | 近尾洲—土谷塘 | 土谷塘—衡阳 |
|---|---|---|---|---|---|
| 高流量 | 产卵事件发生概率最大<br>[0.09～0.12 m/(s·d)] | 3.5% | 0.8% | 7.4% | 1.0% |
| | 产卵适宜加速度<br>[0.04～0.12 m/(s·d)] | 4.0% | 2.8% | 8.1% | 0.8% |
| | 产卵事件发生概率相对较大加速度[0.03～0.09 m/(s·d)<br>及0.12～0.15 m/(s·d)] | 5.1%、<br>9.1% | 9.3%、<br>0.5% | 9.0%、<br>29.0% | 0.8%、<br>2.9% |
| | 产卵事件发生概率较小<br>[0～0.03 m/(s·d)] | 2倍 | 8倍 | 21.2% | 8.8% |
| 低流量 | 产卵事件发生概率最大<br>[0.09～0.12 m/(s·d)] | 67倍 | 14.3% | 295倍 | 72倍 |
| | 产卵适宜加速度<br>[0.04～0.12 m/(s·d)] | 28倍 | 7.1% | 34倍 | 72倍 |
| | 产卵事件发生概率<br>相对较大加速度<br>[0.03～0.09 m/(s·d)] | 6倍 | 2.9% | 8倍 | 13倍 |
| | 产卵事件发生概率<br>相对较大加速度<br>[0.12～0.15 m/(s·d)] | 6倍 | 14.3% | 天然情况为0，<br>梯级开发后<br>15万 m² | 天然情况为0，<br>梯级开发后达<br>到约2万 m² |
| | 产卵事件发生概率较小<br>[0～0.03 m/(s·d)] | 25.9% | 2倍 | 3倍 | 6.1% |

## 5.2.5 基于繁殖适宜流速及加速度 HSI 的建立及 WUA 分析

栖息地适宜度指数 HSI（habitat suitability index）常被用来描述生物的栖息地质量。在 HSI 的基础上进一步得到栖息地加权面积 WUA（weigh6ted useable area）[5]，以方便管理者制定合理的生态流量调度措施，开展相应决策。已有四大家鱼栖息地适宜指数 HSI 相关研究常采用水深、流速、水温、溶解氧以及地形等指标进行构建[6-12]，较少采用刺激家鱼产卵的流速上涨过程加速度作为指标进行构建。因此，本研究以家鱼繁殖适宜流速和流量上涨加速度为主要指标建立 HSI，分别进行洪、高、低流量脉冲过程模拟，分析梯级开发前后 WUA 变化特征。其构建过程见公式（5-2）和（5-3）。

"四大家鱼"栖息地适宜度指数 HSI 计算如下：

$$HSI = V_{\text{FMCC}}^{\frac{1}{2}} \times A_{\text{FMCC}}^{\frac{1}{2}} \qquad (5-2)$$

式中:$V_{FMCC}$ 是计算单元 $i$ 的适宜家鱼繁殖流速;$A_{FMCC}$ 是计算单元 $i$ 的适宜家鱼繁殖加速度。

栖息地加权面积 $WUA$ 在栖息地适宜度指数 $HSI$ 的基础上建立:

$$WUA = \sum_{i=1}^{n} HSI(V_{FMCC}^{\frac{1}{2}} \times A_{FMCC}^{\frac{1}{2}}) \times A_i \tag{5-3}$$

式中:$HSI(V_{FMCC}^{\frac{1}{2}} \times A_{FMCC}^{\frac{1}{2}})$ 是每个计算单元 $i$ 适宜度指数。

借鉴 She[13] 利用模糊模型获得 HSCs(habitat suitability curves),当 $HSI$ 值为 0.0 时,为非常差(very bad);0.0~0.6 为差(bad condition);0.6 为适宜(moderate condition);0.6~0.847 适宜家鱼繁殖(good condition);>0.847 为非常适宜家鱼繁殖(very good condition)。结合表 5-3 和表 5-4 绘制图 5-19。

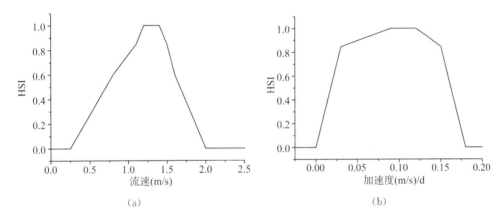

图 5-19　流速及加速度 $HSI$ 值

Fig. 5-19　**HSI of flow velocity, and acceleration**

本研究以 $0.847 \leqslant HSI < 1$ 代表非常适宜家鱼繁殖,定级为 very good;$0.6 < HSI < 0.847$ 代表适宜家鱼繁殖,定级为 good;$0.0 < HSI \leqslant 0.6$ 为坏条件,定级为 bad;$<0$,则定级为 very bad。以上述几个级别对栖息地加权面积 $WUA$ 进行统计得表 5-8。可以发现航电梯级开发对高流量过程影响较大,非常适宜家鱼繁殖区域减少至天然情况的 0.75%,在梯级开发上游几乎消失;适宜家鱼繁殖区域降至天然情况的 1.43%;定级为坏的区域与天然情况基本持平。同样,航电梯级开发对低流量过程影响较大,非常适宜家鱼繁殖区域减少至天然情况的 1.78%,在梯级开发上游几乎消失;适宜家鱼繁殖区域降至天然情况的 1.05%;定级为坏的区域降低至天然情况的 16.85%。

表 5-8　梯级开发后 *WUA* 面积统计（梯级开发/天然情况）

Tab. 5-8　Statistics of waters with *WUA* after cascade development

(cascade development/natural condition)

| 流量过程 | $HSI_{FMCC}$ | 梯级开发/天然情况 | | | |
|---|---|---|---|---|---|
| | | 全河段 | 归阳—近尾洲 | 近尾洲—土谷塘 | 土谷塘—衡阳 |
| 洪水流量过程 | $0.847{\leqslant}HSI_{FMCC}{<}1$ | 85.31% | 70.85% | 96.98% | 59.71% |
| | $0.6{<}HSI_{FMCC}{<}0.847$ | 98.48% | 45.66% | 99.98% | 80.49% |
| | $0{<}HSI_{FMCC}{\leqslant}0.6$ | 106.07% | 59.89% | 94.97% | 120.18% |
| 高流量过程 | $0.847{\leqslant}HSI_{FMCC}{<}1$ | 0.75% | 0.03% | 2.93% | 0.19% |
| | $0.6{<}HSI_{FMCC}{<}0.847$ | 1.43% | 1.55% | 4.18% | 0.75% |
| | $0{<}HSI_{FMCC}{\leqslant}0.6$ | 94.41% | 145.17% | 20.27% | 7.82% |
| 低流量过程 | $0.847{\leqslant}HSI_{FMCC}{<}1$ | 1.78% | 0 | 2.92% | |
| | $0.6{<}HSI_{FMCC}{<}0.847$ | 1.05% | 0.02% | 1.58% | |
| | $0{<}HSI_{FMCC}{\leqslant}0.6$ | 16.85% | 20.48% | 8.25% | 2.46% |

## 5.3　结论

已有研究表明,水温、水深、流速、动能梯度等因素均是四大家鱼产卵场的重要水动力因子,本研究采用的平面二维数学模型侧重于流速和加速度的变化特征,其中又分别从三个方面进行对比分析:

(1) 流场图比较。主要分析水流结构的复杂程度,该分析方式较常规、与恒定流分析类似,分别提取峰值流量下的流速矢量图、等值线图进行比较分析,初步认为梯级开发后,库区水位抬高淹没原有乱石暗礁,加之水流流速减缓使原有复杂的水力结构减弱,甚至消失,不利于刺激亲鱼产卵及鱼卵悬浮孵化,也不利于家鱼产卵受精到吸水膨胀这一个过程。

(2) 流速变化过程分析。流速越大($<$1.6 m/s)、流速上涨时间越长、"腰点"以上流速面积越大均是四大家鱼产卵的良好条件。由于上游梯级电站的调度作用,会使电站下游区域流速脉冲过程变得"尖锐",流速上涨时间缩短,不利于刺激家鱼产卵。

(3) 梯级建设后,洪水流量过程下整体研究区产卵触发流速面积减少至原有面积 11.7%;鱼卵最大受精率流速面积减少至 13.5%,最高受精率范围流速面积减少至 10.8%;高流量过程下"喜好流速"或"触发流速"基本消失,无法刺激亲鱼产卵,且径流式梯级开发对高流量过程加速度影响是不利于刺激家鱼产卵的;低流量脉冲过程下全河段流速甚至低于"腰点"流速,而4—7月低流量脉冲需能维持鱼卵的悬浮受精,使孵化鱼苗能漂浮存活,低于"腰点"流速不利于鱼卵的孵化及鱼苗的存活。

(4)径流式航电梯级开发对高流量过程影响程度大于洪水过程。而高流量脉冲过程又是刺激家鱼繁殖的关键过程。研究得出径流式航电梯级开发对高流量过程影响极其不利于家鱼的产卵、鱼卵受精、繁殖过程。因此建议在后续生态调度及生态补偿措施研究中,应将研究重点由洪水过程转到侧重高流量过程。

本研究通过扩大数学模型范围,发现涨水过程中径流式电站对回水区高流速值面积的影响要大于对电站下游河段的影响。因此,以往电站对鱼类生态影响研究将研究区域集中在电站下游并不全面。

# 参考文献

[1] 湖南省水利水电勘测设计研究总院. 湖南省近尾洲水电站可行性研究报告[R]. 长沙,1999.

[2] 交通运输部天津水运工程科学研究院. 湘江土谷塘航电枢纽工程总体布置优化模型试验研究[R]. 天津,2010.

[3] 丁德明,廖伏初,李鸿,等. 湖南湘江渔业资源现状及保护对策[C]//重庆市水产学会. 中国南方十六省(市、区)水产学会渔业学术论坛第二十六次学术交流大会论文集(上册). 重庆市水产学会:重庆市科学技术协会,2010:15.

[4] CHEN Q W, TANG L, WANG J, et al. Manipulating flow velocity to manage fish reproductions in dammed rivers[J]. Authorea Preprints,2020.

[5] 班璇,郭舟,熊兴基,等. 长江中游典型河段底栖动物的物理栖息地模型构建与应用[J]. 水利学报, 2020,51(8):936-946.

[6] GUO W X, JIN Y G, ZHAO R C, et al. The impact of the ecohydrologic conditions of Three Gorges Reservoir on the spawning activity of Four Major Chinese Carps in the middle of Yangtze River,China[J]. Applied Ecology and Environmental Research,2021,19(6):4313-4330.

[7] YU L X, LIN J Q, CHEN D Q, et al. Ecological flow assessment to improve the spawning habitat for the four major species of carp of the Yangtze River:A study on habitat suitability based on ultrasonic telemetry[J]. Water,2018,10(5):600.

[8] YU M X, YANG D Q, LIU X L, et al. Potential impact of a large-scale cascade reservoir on the spawning conditions of critical species in the Yangtze River,China[J]. Water,2019, 11(10):2027.

[ 9 ] YI Y J, WANG Z Y, YANG Z F, et al. Impact of the Gezhouba and Three Gorges Dams on habitat suitability of carps in the Yangtze River[J]. Journal of Hydrology,2010,387(3-4):283-291.

[10] TANG C H, YAN Q G, LI W D, et al. Impact of dam construction on the spawning grounds of the four major Chinese carps in the Three Gorges Reservoir[J]. Journal of Hydrology,2022,609:127694.

[11] YIN S R, YANG Y P, WANG J J, et al. Simulating ecological effects of a waterway project in the middle reaches of the Yangtze River based on hydraulic indicators on the spawning habitats of four major Chinese carp species[J]. Water,2022,14(14):2147.

[12] YI Y J, TANG C H, YANG Z F, et al. Influence of Manwan Reservoir on fish habitat in the middle reach of the Lancang River[J]. Ecological Engineering,2014,69(4):106-117.

[13] SHE Z Y, TANG Y M, CHEN L H, et al. Determination of suitable ecological flow regimes for spawning of four major Chinese carps:A case study of the Hongshui River,China[J]. Ecological Informatics,2023,76,102061.

# 6

## 结论与展望

## 6.1 研究意义

目前,河流筑坝对鱼类影响的缓解措施主要包括鱼类洄游通道的过鱼技术、鱼类"三场"(产卵场、索饵场、越冬场)的保护及替代、鱼类繁殖及增殖流放、生态流量的保证及生态调度工作。湘江干流梯级开发对鱼类的保护工作已逐步开展,2012 年蓄水的长沙枢纽、2015 年建成土谷塘枢纽均修建了鱼道。为切实加强鱼类资源保护,湘江保护和治理委员会 2017 年第一次全体会议明确,湖南省将进一步落实鱼道建设和补建责任,为鱼类洄游修建"生命通道",让其"越过"大坝,溯流而上,繁衍生息。2020 年,依托株洲枢纽、大源渡枢纽二线船闸扩建工程的补建鱼道均已建设完成,并规划将近尾洲鱼道工程纳入其二线船闸扩建工程项目中,计划于 2021 年开工建设。随着这些鱼道的相继运行,四大家鱼溯游无阻,可望再现"常宁产卵、望城捞苗",丰富野生鱼类资源。

本书的相关工作与湘江保护工作是相辅相成的,正是有了过坝鱼道的恢复,打通了洄游通道,对产卵场水力特性变化的研究更是迫在眉睫,参考本书成果,进一步开展基于家鱼产卵期需求的脉冲流量生态调度研究,以流速上涨历时、有效刺激家鱼产卵流速面积等各水力项指标作为调度依据,尽量还原刺激家鱼产卵的实际情况,对鱼类资源的保护工作意义巨大。

湘江干流常宁张河铺至衡阳云集段是全国三大"四大家鱼"产卵场之一,但受到连续的航电梯级开发影响,产卵场开始严重萎缩并出现破碎化。本书研究湘江干流梯级开发对"四大家鱼"产卵区的生态水文、水环境及水力条件的影响,将研究范围扩大至电站库区回水范围、两梯级之间及梯级下游,并建立相应范围的水力学数学模型。该研究内容可完善现有梯级开发对鱼类产卵场的影响研究,具有一定的理论指导和实践意义。

## 6.2 研究结论

本研究得到以下结论:

1) 径流式航电梯级开发对家鱼产卵区生态水文产生不利影响。研究表明:两梯级联合运行使归阳站的水位低脉冲特征已基本消失,高脉冲历时显著增加,次数减少,流量的低脉冲历时和流速的高脉冲历时都引起 100% 的变异,且趋向不利;下游梯级蓄水使得衡阳站流速 IHA 指标整体呈高度改变,整体水文改变度达到 81%,流量低脉冲历时和流速的高脉冲历时高度改变,不利于刺激家鱼产卵繁殖活动;家鱼产卵期(4—7月),梯级开发使得归阳站水位的低脉冲特征已基本消失,高脉冲历时增加,次数增加,上下游两电站联合运行会极大削弱流量、流速的低脉冲特征;产卵期衡阳站4—7月月均流速为高度改变,流速1、3、7、30及90日最小值发生100%变异,流速30、90日最大值和低脉冲次数高度改变,且趋向不利。

2) 以典型洪水、高流量、低流量脉冲等非恒定流作为边界条件开展水动力数学模型,得出径流式航电梯级开发影响了天然情况下高、低流量脉冲的涨水历时、高流速值面积、加速度面积,对家鱼产卵繁殖产生不利影响。研究得出:洪水流量过程下,梯级建设后整体研究区产卵触发流速面积减少至原有面积的11.7%,鱼卵最大受精率流速面积减少至原有面积的13.5%,最高受精率范围流速面积减少至原有面积的10.8%;高流量过程下"喜好流速"或"触发流速"基本消失,无法刺激亲鱼产卵,且径流式梯级开发对高流量过程加速度影响是不利于刺激家鱼产卵的;低流量脉冲过程流速甚至低于"腰点"流速,4—7月低流量脉冲需能维持鱼卵的悬浮受精,使孵化鱼苗漂浮存活,低于"腰点"流速不利于鱼卵的孵化及鱼苗的存活。

3) 本研究认为径流式航电梯级开发对高流量过程影响程度是大于洪水过程的,而高流量脉冲过程又是刺激家鱼繁殖的关键过程。本研究得出径流式航电梯级开发对高流量过程影响极其不利于家鱼的产卵、鱼卵受精、繁殖过程。因此建议在后续生态调度及生态补偿措施研究中,应将研究重点由洪水过程转到高流量过程。

## 6.3  研究创新之处

本研究的主要创新点如下:

1) 揭示了径流式航电梯级开发对家鱼产卵区生境的影响机理。由于径流式航电梯级开发对径流影响较小,该类型梯级开发对生态尤其是对鱼类影响研究较少。但径流式日调节型电站影响了天然河流流速情况,进而影响到以流速为主要刺激因素的家鱼产卵活动。本研究以湘江干流湘祁、近尾洲、土谷塘及大源渡四个典型的日调节型电站为研究对象,开展日调节型电站梯级开发对鱼类产卵区影响的研究,完善该类型水利工程对鱼类生态影响研究。

2) 研究证实流量脉冲是刺激家鱼产卵的关键因素,但已有的数学模型研究多以恒定流作为边界条件,并没有研究刺激家鱼产卵的关键水力过程——流量脉冲。本研究以典型洪水、高流量、低流量脉冲作为边界条件分别进行工程前后模拟,对研究区域流场、涨水过程中加速度与流速的分级面积进行统计对比分析,更贴合刺激家鱼产卵的实际情况,更能找出其影响的关键水力变量。

3) 已有"四大家鱼"栖息地适宜指数 HSI 相关研究常采用水深、流速、水温、溶解氧以及地形等指标进行构建。较少采用刺激家鱼产卵的流速上涨过程加速度作为指标进行构建。因此,本研究以家鱼繁殖适宜流速和流量上涨加速度为主要指标建立 HSI,分析梯级开发前后 WUA 变化特征。

## 6.4 研究展望

本研究以湘江干流产卵场区域为对象,选取了三个典型的流量脉冲过程,分别是洪水、高流量、低流量,建立了平面二维非恒定流数学模型,并分别进行了天然河道、梯级开发后两种工况的计算,相较传统的恒定流数值分析,该研究方法能直观地模拟出流量变化过程,从结果的分析来看,考虑时间过程的流量、水位、流速变化分析,与天然流量情况更为贴合,计算结果与相关物理模型、原型观测的数据吻合性良好。由于平面二维模型的局限性,数据分析主要以流场、流速和分级流速、加速度为主,三维水流结构中的涡量等指标难以开展分析,但是,长远来看,非恒定流数值分析在生态水力学研究方向是具有极大发展潜力的,后续将进一步完善边界条件、优化计算工况并应用到更多研究之中。

青、草、鲢、鳙等江湖半洄游性鱼类的亲鱼必须上溯到江河流水中产卵,卵在江中漂流孵化成鱼苗,汛期涨水鱼苗自然流入江河两岸的湖泊、河湾、港汊中生长。冬季成鱼随江水下落,由湖入江越冬,如此往返于江湖之间完成他们的生活史。在湘江"四大家鱼"鱼苗随汛期涨水流入洞庭湖生长,冬季成鱼随江水下落,由洞庭湖入湘江越冬,4—7 月到达湘江干流上游常宁张河铺至衡阳云集河段家鱼产卵场产卵,产卵孵化的鱼苗再次随汛期涨水流入洞庭湖,由此周而复始完成其生命过程。然而,随着湘江干流航运电站的梯级开发,涉及家鱼生命周期洄游运动的有湘祁水电站、近尾洲水电站、土谷塘水电站、大源渡航电枢纽、株洲航电枢纽、长沙综合枢纽六座梯级电站,对家鱼完成生命过程产生了阻隔作用。

同时,洞庭湖多年来泥沙淤积、水面萎缩严重,加之三峡的建设运行改变了原有的江湖关系,这些势必影响家鱼生命周期的完成。因此,下一阶段的研究需要深入了解并定量分析湘江干流湘祁水电站至长沙综合枢纽六座梯级电站对家鱼洄游过程的影响,以及洞庭湖江湖关系演变对家鱼产生的影响。